钴氧化物无氨草酸沉淀—热分解制备新工艺研究

Study on Preparation of Cobalt Oxide by Precipitation-Thermolysis Process of Oxalic Acid without Ammonia

田庆华　郭学益　著

北　京
冶　金　工　业　出　版　社
2015

内 容 提 要

本书介绍了钴氧化物粉体材料制备的研究现状和工业生产实践情况，特别针对工业生产所面临的现实问题进行了探讨和分析，并对传统工业化生产采用的草酸铵沉淀—热分解工艺进行了改进，从源头上避免了氨水的加入，系统研究了无氨草酸直接沉淀—热分解制备钴氧化物及含草酸废水循环利用的工艺流程，实现了溶液闭路循环且生产过程环境友好。

本书可供从事有色冶金领域尤其是钴冶金领域的科研、工程技术人员阅读，也可供冶金专业的高等院校学生参考。

图书在版编目(CIP)数据

钴氧化物无氨草酸沉淀—热分解制备新工艺研究/田庆华，郭学益著. —北京：冶金工业出版社，2015.10

ISBN 978-7-5024-7044-9

Ⅰ.①钴… Ⅱ.①田… ②郭… Ⅲ.①草酸—热分解沉积—氧化钴—研究 ②草酸—热分解沉积—富溶液—循环利用—研究 Ⅳ.①TF111.34

中国版本图书馆CIP数据核字(2015)第201043号

出 版 人 谭学余
地　　址 北京市东城区嵩祝院北巷39号 邮编 100009 电话 (010)64027926
网　　址 www.cnmip.com.cn 电子信箱 yjcbs@cnmip.com.cn
责任编辑 张熙莹 美术编辑 吕欣童 版式设计 孙跃红
责任校对 禹 蕊 责任印制 牛晓波
ISBN 978-7-5024-7044-9
冶金工业出版社出版发行；各地新华书店经销；三河市双峰印刷装订有限公司印刷
2015年10月第1版，2015年10月第1次印刷
169mm×239mm；10.25印张；201千字；156页
38.00元

冶金工业出版社 投稿电话 (010)64027932 投稿信箱 tougao@cnmip.com.cn
冶金工业出版社营销中心 电话 (010)64044283 传真 (010)64027893
冶金书店 地址 北京市东四西大街46号(100010) 电话 (010)65289081(兼传真)
冶金工业出版社天猫旗舰店 yjgycbs.tmall.com
（本书如有印装质量问题，本社营销中心负责退换）

前　言

钴氧化物粉体材料是一类具有优良性能的重要功能材料，在化学活性、催化性能、磁性、表面积、电导率、扩散率等方面具有特殊性能，是制备锂离子电池正极材料钴酸锂的主要原料，同时也被广泛应用于超级电容器、硬质合金、压敏陶瓷、无机颜料、催化剂等领域。随着锂离子二次电池应用越来越广泛，对钴氧化物粉体材料需求量也越来越大。目前，氧化钴的工业化生产方法主要采用草酸铵沉淀—热分解工艺，该方法不仅消耗氨水，同时产生大量难以回收处理的含氨氮废水，直接排放不仅会对环境造成严重危害，同时也是资源和能源的浪费。

作者及其研究团队一直致力于有色金属冶金特别是重有色金属冶金教学、科研和产业实践工作，对有色金属再生循环利用有着深刻的认识和深切的体会。结合资源循环“3R 理论”，对于冶金工艺最佳的减污方案是源头控制，基于这一出发点，作者与其研究团队一道重点针对钴氧化物粉体材料传统工业化生产采用的草酸铵沉淀—热分解工艺进行改进，从源头上避免氨水的加入，系统研究了无氨草酸直接沉淀—热分解制备钴氧化物及含草酸废水循环利用的工艺流程，实现了溶液闭路循环且生产过程环境友好。

本书共分 6 章。第 1 章全面介绍了钴氧化物粉体材料制备的研究现状和工业生产实践情况，特别针对工业生产所面临的现实问题进行了探讨和分析。第 2 章开展无氨草酸沉淀溶液体系热力学平衡分析，从理论上分析各工艺条件对体系平衡和各金属离子存在形式的影响。第 3 章系统研究无氨草酸沉淀各工艺参数对草酸钴沉淀率及粒子形貌、粒度的影响。第4章对无氨草酸沉淀法制得的草酸钴粉末进行洗涤、干燥和热分解研究，全面研究草酸钴在氩气气氛下和空气气氛下的热分解热力学行为，全面分析草酸钴热分解行为的动力学机理。第5章探索采用P350萃取分离含草酸的盐酸溶液的新方法，实现了整个工艺流程全液相的资源循环利用。第6章对无氨草酸直接沉淀—热分解制备钴氧化物及含草酸废水循环利用全工艺流程进行总结，并对该研究领域进行展望。

本书是作者及其研究团队集体研究成果的总结，研究团队成员李栋老师、李钧、李治海、易宇、姚标、吴展等研究生协助开展了大量研究工作，为相关实验开展和研究成果报告成稿作出了重要贡献；研究生辛云涛、邓多、王恒利、李宇、王相、王浩等参与了本书编辑、校对工作；金川集团有限公司、湖南省科技计划重点项目、长沙市科技计划重点项目对本书研究提供了资助，在此一并表示感谢。

冶金工艺日新月异，钴氧化物粉体材料的制备工艺技术发展突飞猛进。作者力图向读者提供一部集理论性、工艺性为一体的专门性著作，但水平所限，书中不足之处，敬请读者批评指正。

作　者

2015年7月

目　　录

1 概　述

1.1 钴及其化合物简述

1.1.1 钴及其化合物的性质

1.1.1.1 金属钴

钴是具有钢灰色金属光泽的铁磁性硬质金属，表面抛光后有淡蓝光泽，属于元素周期表$Ⅷ_B$族，原子序数为27，相对原子质量为58.93。钴在自然界中至少存在两种同素异形体，即在低温下稳定的、具有密排六方晶格的α-Co和在高温下稳定的、具有面心立方晶格的β-Co。钴在硬度、抗拉强度、机械加工性能、热力学性质以及电化学行为等方面与铁、镍相类似[1~3]。加热到1150℃时磁性消失。钴能吸收氢，在细粉状态和高温时吸附的氢量可达到自身体积的50~150倍，电解钴能吸附的氢为钴体积的35倍。钴在常温下还能吸附一氧化碳[4]。表1-1列出了钴的一些物理性质[5,6]。

表1-1　钴的物理性质

物　理　量	数　　值
相对原子质量	58.9332
第一电离势/$kJ \cdot mol^{-1}$	758
比热容/$J \cdot (kg \cdot K)^{-1}$	435
沸点/℃	2870
密度/$g \cdot cm^{-3}$	8.92
布氏硬度	124
莫氏硬度	5.6
相对伸长率/%	5
价电子结构	$[Ar]3d^7 4s^2$
还原电位/V	1.808
电阻率/Ω·m	6.24×10^{-8}
居里温度/℃	1121
熔点/℃	1495
蒸发热/$kJ \cdot g^{-1}$	6.48
熔化发热/$kJ \cdot g^{-1}$	1.24
弹性模量/GPa	213.5

钴是中等活性的金属，位于铁族元素铁镍的中间。钴的抗腐蚀性能好，常温下，水、潮湿空气、碱及有机酸均对钴不起作用。钴能溶于硫酸、盐酸和硝酸等稀酸中，但比铁更难溶，在浓硝酸中会因形成氧化薄膜而被钝化[7,8]。钴还会被氨水、氢氟酸和氢氧化钠缓慢地腐蚀。钴在呈粉末状态加热时，能与氧、硫、氯、溴激烈反应，还能与硅、磷、砷、锑等形成一系列化合物，与碳形成碳化物 Co_3C。钴的化合价为二价和三价，对于简单的钴离子，二价钴离子稳定，三价钴离子不稳定。但对于钴络合物，三价钴更稳定。钴离子的 d 轨道未充满电子，具有很强的配合能力，能形成氨配合物、氰配合物、硫氰配合物等多种配合物，形成的配合物种类在金属中仅次于铂[9]。

1.1.1.2 钴的氧化物

钴氧化物通常也称为氧化钴，这是一个广义的概念，根据其含量可以具体分为氧化亚钴（CoO）、四氧化三钴（Co_3O_4）和氧化钴（Co_2O_3）三类，其主要性能对比见表1-2。本书除特指外，“氧化钴”均表示钴氧化物。

表1-2 三类钴氧化物的主要性能

名 称	相对分子质量	颜 色	含钴量/%	密度/g·cm^{-3}
氧化亚钴(CoO)	74.97	灰绿或暗色	78.65	6.2～6.6
氧化钴(Co_2O_3)	165.88	黑 色	71.03	5.18
四氧化三钴(Co_3O_4)	240.82	灰黑色、黑色	73.73	6.0～6.2

氧化亚钴是钴的一种低价氧化物，因制法和纯度的不同常呈现灰绿色、褐色、暗灰色等颜色。氧化亚钴的理论含钴量为78.65%，含氧量为21.35%，熔点为1810℃，密度为6.2～6.6g/cm^3。氧化亚钴晶体为面心立方结构，晶格常数 $a=4.25\times10^{-10}$m。在高温下氧化亚钴中的钴能够与氧离解，1000℃时离解压为 3.4×10^{-12}Pa(3.36×10^{-12}atm)。加热条件下氧化亚钴易被 H_2、C 或 CO 还原成单质钴。氧化亚钴能溶于酸、碱中，不溶于水、醇和氨水。

四氧化三钴外观为灰黑色或黑色粉末，理论含钴量为73.73%，含氧量为26.27%，密度为6.0～6.2g/cm^3。四氧化三钴晶体为立方晶体结构，具有正常的尖晶石结构。其中 Co^{3+} 占据八面体位，具有较高的晶体场稳定化能。晶格常数 $a=8.11\times10^{-10}$m。四氧化三钴不溶于水，但能缓慢溶解于热的盐酸、硝酸、硫酸中。

狭义的氧化钴即三氧化二钴，是一种黑色无定型的钴高价氧化物，加热时会生成四氧化三钴，理论含钴量为71.03%，含氧量为28.97%，密度为5.18g/cm^3。氧化钴是一种不稳定的化合物。氧化钴只有呈水化状态时才稳定，而这种水化物在265℃下会脱水转变成中间氧化物 Co_3O_4。Co_2O_3 在125℃下可被氢气还原成 Co_3O_4，在200℃时被还原为CoO，在250℃时则被还原为金属钴。氧化钴不溶于水，可溶于酸而生成相应的盐。

1.1.1.3 钴的盐类

A 草酸盐

由于不稳定的三价钴草酸盐仅存在于水溶液中，因此通常称二价钴的草酸盐为草酸钴，其分子表达式为 CoC_2O_4，相对分子质量为 146.93。二价钴的草酸盐是外观呈桃红色的结晶粉末，并含有 2 个结晶水，其理论含钴量为 32.21%，但也有含 4 水和无水状态的。草酸钴几乎不溶于水而溶于浓氨中。加热草酸钴至温度高于 120℃时，结晶水开始脱除；当温度达到 400℃以上时，草酸钴开始分解，并在空气中燃烧（自燃）而最终生成黑色氧化钴粉末；在 480～520℃的温度下，草酸钴可被氢气直接还原生成钴粉。

B 碳酸盐

碳酸钴（$CoCO_3$）几乎以纯净的状态存在于自然界，被称为菱钴矿。目前通常提到的碳酸钴大多是碱式碳酸钴（$2CoCO_3 \cdot 3Co(OH)_2 \cdot nH_2O$）。碱式碳酸钴为紫红色棱柱体结晶粉末，溶于稀酸和氨水中，不溶于冷水，在热水中分解，将其密封加热至 140℃，即变为淡红色粉末状 $CoCO_3$[10]。

C 氯化物

氯化钴（$CoCl_2$）是淡蓝色的菱形结晶，能够吸收空气中的水变成淡红色。密度为 3.35g/cm^3，相对分子质量为 129.86，熔点为 724℃，沸点为 1049℃，溶于水和一系列有机溶剂中，三价钴的氯化物是不稳定的，在盐酸中溶解时生成三价不稳定的氯化物的蓝色溶液。

1.1.2 钴及其化合物的应用

1.1.2.1 金属钴

金属钴主要用于制备各种高性能特殊合金。含有一定量钴的刀具钢可以显著地提高钢的耐磨性和切削性能。含钴 50% 以上的司太立特硬质合金即使加热到 1000℃也不会失去其原有的硬度，该合金熔焊在零件表面，可使零件的寿命提高 3～7 倍。钴也是磁化一次就能保持磁性的少数金属之一。含有 60% 钴的磁性钢比一般磁性钢的矫顽磁力提高 2.5 倍。在振动条件下，一般磁性钢失去差不多 1/3的磁性，而钴钢仅失去 2%～3.5% 的磁性。钴与钐、铒等稀土元素组成的合金是具有强磁场的磁性材料，在电子工业和其他高科技领域有着非常重要的作用。人工放射性同位素^{60}Co 常用作放射源，应用领域遍及各行各业。在农业上，^{60}Co常用于辐射育种、刺激增产、辐射防治虫害和食品辐射保藏和保鲜等；在工业上，^{60}Co 常用于无损探伤、辐射消毒、辐射加工等；在医学上^{60}Co 常用于癌和肿瘤的放射治疗，也可应用于化学、物理、生物学的研究[11]。

1.1.2.2 钴的氧化物

钴氧化物是一种重要的过渡金属氧化物。通常作为生产硬质合金、超耐热合金、绝缘材料和磁性材料的主要原料和化学工业中的催化剂和染料。超细氧化钴在化学活性、催化性能、磁性、表面积、电导率、扩散率等方面具有特殊性能，已成为制造具有温度特性，机械、化学、电子性能十分稳定、优异的热敏电阻、压敏电阻、非线性电压电阻器、ZnO 避雷器、显像管玻壳等电子器件的材料[12~14]。

钴氧化物可用作油漆添加剂。在制造各种油漆时加入氧化钴，生产的油漆性能有所提高，特别是在油漆中起着催干剂的作用，即在油漆使用中易于快速晾干，以提高应用速率，这对油漆的快速施工大有益处。钴氧化物同时也是一种重要的搪瓷和陶瓷颜料，在搪瓷材料中加入氧化钴，可提高其耐腐蚀性和耐磨度。在各种建材和日用陶瓷中，用氧化钴制成蓝色的颜料或釉料涂于陶瓷制品，经焙烧后呈现鲜艳蓝色的陶瓷品更具有艺术性[15]。

钴氧化物在有机化学工业中的应用，特别是作为石油炼制的催化剂有着较长的历史，加速石油炼制的作用是不可缺少的。目前如氧化钴还被开发出用作替代生产硝酸催化剂的铂铑合金，这大大降低了硝酸的生产成本[16]。

钴氧化物在电池行业中的应用也非常广泛。如氧化亚钴作为镍氢电池的电极材料添加剂，可改善质子的导电、降低氧化电位并提高析氧电位，对提高电池的充放电性能有显著效果。四氧化三钴是制备锂离子电池正极材料钴酸锂的主要原料，随着锂离子二次电池应用越来越广泛，对其需求量也将越来越大[17]。

1.1.2.3 钴的盐类

除了以上各种钴的氧化物外，碳酸钴、草酸钴等钴盐化合物应用也较广泛。碳酸钴主要用于生产各类钴盐和氧化钴产品，产品在陶瓷工业用作着色剂，在采矿业用作选矿剂，在有机工业中用于制造催化剂、伪装涂料和化学温度指示剂，在农业上用作微量元素肥料及饲料，在电池行业用来生产钴酸锂材料。草酸钴主要用于生产硬质合金、磁性材料和耐热材料等行业用的钴粉和钴氧化物。钴的其他化合物如硫酸钴主要应用于陶瓷、颜釉料、油漆催干剂和电镀等行业。萘酸钴主要用于油漆及油墨的催干剂、着色剂、橡胶增黏剂及玻璃钢行业。

1.1.3 钴资源状况

钴在自然界分布很广，但在地壳中的含量仅为0.0023%，位列所有元素的第

34 位，远小于铝（7.73%）、铁（4.2%）等大宗金属资源[18]。由于钴具有强迁移能力和固有的亲铁亲硫双重性，在自然界中以游离态形式存在的钴资源很少发现，赋存状态较为复杂。目前已查明的含钴矿物有 100 多种，但绝大多数含钴矿物是没有利用价值的，并且多伴生于镍、铜、铁等矿床中，含量较低[19]。常见的三十余种含钴矿物中，很多由于含钴品位太低或者用常规方法选别不能富集钴，使得这些含钴矿物的利用受到限制。由于各地成矿条件的差异，钴主要以硫化矿、砷化矿、氧化矿的形式存在。从目前各矿山利用的含钴矿物来看，主要有硫钴矿（Co_3S_4）、辉钴矿（CoAsS）、纤维柱石（$CuCo_2S_4$）、砷钴矿（$CoAs_2$）、钴华（$3CoO \cdot As_2O_5 \cdot 8H_2O$）以及钴黄铁矿（$(Fe,Co)S_2$）等[20]。据国际战略矿产要览统计，世界陆地钴资源储量为 700 万吨，另据矿产概况统计，世界钴基础储量为 1300 万吨，各国储量详见表 1-3[21]。

表 1-3 世界钴储量和储量基础（金属量） （万吨）

国家或地区	储 量	储量基础	主要矿床类型
刚果（金）	340	470	沉积型砂岩铜矿床
澳大利亚	140	170	岩浆型铜镍硫化矿床
古 巴	100	180	风化型红土镍矿床
赞比亚	27	68	沉积型砂岩铜矿床
俄罗斯	25	35	岩浆型铜镍硫化矿床
新喀里多尼亚	23	86	风化型红土镍矿床
加拿大	12	35	岩浆型铜镍硫化矿床
中 国	7.2	47	岩浆型铜镍硫化矿床
世界总计	700	1300	

注：资料来源于美国地质调查局（USGS）。

世界钴矿资源较为丰富，但存在分布不均匀、产地高度集中的特点，刚果（金）、澳大利亚、古巴、赞比亚、俄罗斯和新喀里多尼亚等国家的矿产储量在全球占有重要地位，合计储量超过世界总储量的 95%，其中刚果（金）的储量和储量基础独占世界鳌头，分别达到 340 万吨和 470 万吨，分别占全世界的 48.57% 和 36.15%。目前，世界上钴产量的一半以上来自于沉积型砂岩铜矿床（如刚果（金）、赞比亚等国），一部分来自于岩浆型铜镍硫化物矿床（如俄罗斯、加拿大、澳大利亚等国）和其他矿床中的伴生钴。世界陆地钴储量静态可采年限在百年以上，在正常情况下可保证长期稳定供应。此外，深海的锰结核也是一种丰富的钴矿资源，锰结核中的钴含量因区域的不同而异，在接近西沙摩亚岛有丰富的锰结核和富钴带，钴含量可达2%以上，大西洋和太平洋中的锰结核一般含钴在0.3%左右，科学家估计海底蕴藏着超过10亿吨的钴[22,23]。

中国钴矿资源非常短缺，据美国地质调查局统计，中国钴储量仅为7.2万吨，仅占全球总量的1.03%。按照中国国土资源部2005年全国矿产资源储量通报，中国钴资源量为56.50万吨，具有开采意义的储量仅为4.09万吨，且独立钴矿床尤少，钴精矿储量也很少，主要作为共生元素形式存在于镍、铜、铁等矿脉当中，而且钴含量比较低，不少伴生钴都难以利用，即使能用回收率也是很低。中国钴资源主要分布在甘肃、山东、云南、河北、青海、山西等6个省区，其储量之和占全国总储量的70%，其中甘肃金川探明储量就占全国钴储量的近1/3。中国钴矿资源主要以岩浆型铜镍硫化矿和硅卡岩铁铜矿为主，占总量的65%以上；其次是火山沉积与火山碎屑沉积型钴矿，约占总储量的17%[24,25]。

中国探明钴资源平均品位仅为0.02%，呈现富矿少、贫矿多的局面。这也造成了生产过程中回收率低、工艺复杂、生产成本高等不易开发因素。目前开发利用较好的矿区有：金川、盘石铜镍矿、铜录山、中条山、凤凰山、武山铜矿、大冶、金岭、莱芜铁矿等。这些矿床的含钴品位仅0.02%～0.18%。攀枝花矿区红格矿的精选矿钴含量可达0.6%～1%，但是由于与铁、钛、钒共生，给回收带来许多困难。海南省的石录铜钴矿赋存在海南铁矿深部，估计钴储量万余吨，含钴0.3%、铜1.5%，选矿比较容易，回收率相对较高。甘肃金川、青海德尔尼、四川拉拉厂、海南石录及新疆喀拉通克等处是今后我国可开发利用和扩大生产规模的主要含钴矿区[26~28]。

1.1.4 钴生产消费现状

据国际钴发展协会（Cobalt Development Institute，CDI）2009年4月发布的统计数据显示（见表1-4）[29]，近年来全球精炼钴产量有了很大的增长，全球2008年精炼钴的产量为55878t，比2007年略为增长（4.1%）。这主要得力于中国、比利时等国产量的大量增加。特别2002年以来，中国逐渐加大了钴精矿的进口量，产量也持续增长。虽然2008年下半年遭遇全球金融危机，中国的产量仍从2007年的13245t激增至18239t，增长幅度达37.7%，而且这个数字并不包括比利时的优美科公司（Umicore）在中国的产量。2008年中国的钴产量占世界产量的32.6%。

世界钴产量在急剧增加的同时，其消费量也增长迅猛（见表1-5）[30]。世界的钴消费量从20世纪80年代末以来一直在增加。特别由于近年来钴的应用领域不断扩大，对钴需求量迅猛增加。到2008年，世界钴的消费量约为5.9万吨。随着航空工业、混合动力车用电池、超级合金等高科技行业对钴需求的增加，今后几年世界钴的消费量还将继续增长，钴供应缺口也有所扩大，世界钴市的需求依然很旺。表 1-5 列出了 2004 ~ 2008 年世界各地原生钴的消费量。

表 1-4 全球精炼钴产量 (t)

国　家	2002 年	2003 年	2004 年	2005 年	2006 年	2007 年	2008 年
中　国	1842	4576	8000	12700	12700	13245	18239
芬　兰	8200	7990	7893	8170	8580	9100	8950
加拿大	4545	4141	4787	4954	5023	5606	5628
赞比亚	6144	6620	5791	5422	4556	4335	3841
挪　威	3993	4556	4670	5021	4927	3939	3719
澳大利亚	3701	3839	3879	3150	3996	3684	3618
比利时	1135	1704	2947	3298	2840	2825	3020
俄罗斯	4200	4654	4524	4748	4759	3587	2502
世界合计	41213	44895	49536	54834	53632	53657	55878

表 1-5 全球原生钴消费量 (t)

国　家	2004 年	2005 年	2006 年	2007 年	2008 年
中　国	9500	11000	12200	13900	15650
日　本	13191	13500	13750	14150	14250
美　国	8645	8900	9400	9500	9700
英　国	2200	2300	2315	2400	2500
德　国	1610	1650	1665	1700	1700
法　国	1330	1375	1400	1460	1475
西班牙	1400	1400	1400	1420	1450
意大利	1200	1250	1275	1315	1350
俄罗斯	700	725	760	800	800
世界合计	48956	51742	54002	56656	58988

虽然中国钴产量及消费量都非常大，但钴资源主要依靠进口，总体对进口的依赖度高达 80% 左右（见表 1-6）。目前常用的钴资源包括钴精矿、钴渣以及含钴废触媒、磁钢渣、高温合金废料、硬质合金废料等废料[31,32]。

表 1-6 中国钴原料结构

原料结构	所占比例/%
自产精矿	7
进口矿	38
进口合金	2
进口湿法冶金中间产品	31
其他钴金属进口	10
二次资源	12

中国生产的钴产品种类有电解钴、氧化钴、硫酸钴、环烷酸钴、碳酸钴、草酸钴以及钴粉，其中钴盐约占70% ~80%。中国最大的钴产品生产基地是金川公司，生产的钴产品种类多，产能大，目前年产量已超过6300t。

中国国内企业多采用湿法冶金的方法，先将钴矿等材料冶炼成氯化钴、硫酸钴等中间产品，然后再根据需要进一步加工。由于该方法准入门槛低、成本少，操作简单容易，回收率高，利润率高，因此除金川、华友、嘉利珂等大型钴生产企业外，国内生产钴的小企业也很多，产量占全国总产量的近35%。但由于这些小企业众多，形成不了规模效应，容易造成市场混乱。一旦行情有所变化，这些小厂家便会为了自己的利益扰乱市场。而且由于众多企业的参与，让中国对进口钴矿的需求越来越大，本身由于资源缺乏就没有多少发言权，现在“人多声杂”，就会让国外钴矿供应商有更多的可乘之机，就会出现国内市场被国外控制的局面，时而过剩时而不足，价格波动也非常大，市场极不稳定。

1.2 钴氧化物粉体制备的研究现状

制备钴氧化物粉体最常见也是最传统的方法是钴盐热分解法，即将 $Co(Ac)_2$、CoC_2O_4、$CoSO_4$、$Co(NO_3)_2$、$CoCl_2$、$CoCO_3$ 和 $Co(OH)_2$ 等钴盐以及钴的其他无机、有机配合物，在200 ~900℃的空气中热分解，制备出 Co_3O_4 和 CoO 粉体[33~37]。近年来，随着科学技术的发展以及钴氧化物粉体应用领域的拓展，包括溶液直接沉淀法、溶胶-凝胶法、水热合成法、喷雾热解法等新的方法不断涌现。

1.2.1 溶液直接沉淀法

溶液直接沉淀法是氧化物制备的一种新方法，减少了传统沉淀—热分解方法的操作步骤，直接从钴盐溶液中沉淀得到氧化物粉末。该法制粉过程工艺简单、操作方便，但大多存在反应速度慢、效率较低等缺点[38]。

中国科技大学葛学武等人[39]研究了以氯化钴作为反应物，醋酸钠作为pH值调节剂，在室温和常压下制备Co_3O_4纳米晶粒子。实验中醋酸钠与氯化钴的比例为2：1，溶于少量蒸馏水后加入异丙醇并配成100mL溶液，在通入氮气保护后送入γ射线源室中辐射，将二价钴还原成微小单质钴。随后，通入空气使单质钴氧化生成Co_3O_4。得到的Co_3O_4平均粒径仅为4.3nm，形貌呈球形和无定型线状。

北京矿冶研究总院王海北等人[40]采用加压技术进行了从溶液中直接合成Co_3O_4的试验研究，考察了主要因素如温度、时间、氧分压、搅拌强度对Co_3O_4的纯度、粒度和团聚影响显著。在优化条件下，合成出的Co_3O_4中钴含量大于72.50%，其他杂质均小于0.005%，粒径在500～800nm之间。

新加坡国立大学H. C. Zeng等人[41]在液相中直接合成尖晶石型Co_3O_4。用水镁石型β-$Co(OH)_2$作为反应物，加入NaOH溶液，50℃温度下陈化约10h，生成尖晶石型Co_3O_4。当Co^{2+}：OH^-≤1：2时，β-$Co(OH)_2$由水镁石相转化为CoOOH相，再进一步转化为立方尖晶石型Co_3O_4。当Co^{2+}：OH^->1：2时，β-$Co(OH)_2$由水镁石相转化为水滑石相，再转化为尖晶石相。生成的Co_3O_4粒径小，且分布均匀。

意大利米兰大学Leonardo Formaro等人[42]报道了采用氨气沉淀六硝基钴酸钠（$Na_3Co(NO_3)_6$）溶液，陈化后生成Co_3O_4-CoOOH前驱体沉淀，再经热处理生成0.2～0.3μm的球形Co_3O_4粒子。同时，还提出了絮凝—团聚生长机理，研究了硝酸根离子对Co_3O_4生长的影响。由于Co(Ⅲ)—(NO_3^-)键容易生成且较稳定，因此一定量的NO_3^-能加快Co^{2+}的氧化反应动力学速度。

1.2.2 溶胶-凝胶法

溶胶-凝胶（sol-gel）法是指从金属的有机物或无机化合物的溶液出发，在溶液中通过化合物的水解或醇解，反应生成物经聚合后，把溶液制成有金属氧化物微粒子的溶胶液，进一步反应发生凝胶化，再将凝胶干燥、煅烧，最后得到无机材料的方法[43,44]。其特点是产品纯度高，反应易于控制，材料成分可任意调整，在相当小的尺寸范围内能“剪裁”和控制材料的显微结构使其均匀性达到亚微米级、纳米级甚至分子级水平。

法国斯特拉斯堡第一大学Mustapha EI Baydi等人[45]报道了溶胶-凝胶法制备尖晶石型Co_3O_4的研究工作。将$Co(NO_3)_2$与Na_2CO_3反应生成的$CoCO_3$溶解于丙酸（CH_3CH_2COOH）溶液中，加热生成丙酸钴溶胶，再加热转化成凝胶。加入液氮后，生成固态丙酸钴，再经260℃热处理，生成尖晶石型Co_3O_4。在低于260℃时热处理，则获得CoO粉体。粒子呈球形，粒度分布窄，比表面积大。

印度坎普尔技术研究中心Subhash Thota等人[46]也进行了溶胶-凝胶法制备纳米晶Co_3O_4的研究工作。将醋酸钴溶解于35～40℃的乙醇溶液呈粉红色溶胶，再将草酸加入热溶胶中得到草酸钴凝胶（α-$CoC_2O_4 \cdot 2H_2O$），再经过热处理生成 Co_3O_4 粉末。

西安科技大学韩立安等人[47]采用聚乙烯醇水溶液溶胶-凝胶法成功制备了粒径为25nm的 Co_3O_4 纳米颗粒。吉林大学王晓慧等人[48]报道了用 $CoCl_2$ 与 Na_2CO_3 溶液混合后，通过调整pH值，生成水合氧化钴胶体；再经DBS表面活性剂和二甲苯萃取，制成有机溶胶；经回流脱水、减压蒸馏，除去有机溶剂后，在170～200℃下真空干燥后再高温热处理。当热处理温度在400℃时产物由无定型转化为立方晶型，平均粒径为6nm；在800℃时热处理，得到的 Co_3O_4 结晶完好，平均粒径40nm。

1.2.3 水热合成法

水热法是通过在高温高压下的水溶液中，进行化学反应制备无机纳米粉体的一种先进而成熟的技术，即在水解条件下加速离子反应和促进水解反应，工艺流程简单，条件温和易于控制[49]。水热法可直接得到结晶良好的粉体，无需做高温灼烧处理，避免了在此过程中可能形成的粉体硬团聚，制得的粉体材料分散性好、结晶好、产物纯度高、粒径分布较窄、形貌可控，污染少。但水热法用于钴氧化物的制备过程中，需要较高的反应温度和压力以及对氧气分压也有较高的要求，限制了其在工业中的应用。

Ronalds Sapieszko和Egon Matijevic报道了在强碱性溶液中，水热合成 Co_3O_4 的研究[50]。采用二价钴盐分别与TEA、EDTA、HEDTA制备的螯合物作为前驱物，在250℃下，用 H_2O_2 作氧化剂，在强碱性溶液中陈化10h，生成 Co_3O_4 粒子。粒子分别呈球形、链状、锥形等多种形貌。研究认为 Co_3O_4 形貌与粒度的变化主要受反应物浓度和沉淀介质中阴离子种类的影响。但他们对影响机理没有进一步探讨。

中南大学杨幼平[51]、山东大学张卫民等人[52,53]都采用水热—热解法制备 Co_3O_4。杨幼平以 $Co(CH_3COO)_2 \cdot 4H_2O$ 和 $H_2C_2O_4 \cdot 2H_2O$ 为原料，聚乙二醇（相对分子质量为20000）为表面活性剂，在水-正丁醇溶剂体系中及水热条件下制备草酸钴前驱体；采用不同的热分解方法对草酸钴前驱体进行处理制备纯物相的棒状和多面体状 Co_3O_4。张卫民则分别研究了原料浓度、溶液酸度、水热反应温度和时间以及陈化方式等条件对立方状 Co_3O_4 形貌和粒度的影响。

B. Basavalingu等人[54]用 $Co(OH)_2$ 作为前驱物水热合成钴氧化物。研究了 Co_3O_4-H_2O 系和CoO-H_2O 系相图及部分热力学参数，为水热合成 Co_3O_4 和CoO粉体的工作奠定了理论基础。从他们的报道中可以看出，用水热法制备 Co_3O_4 和CoO粉体，均需要较高的反应温度和压力。

Tadao Sugimoto和Eong Matijevic[55]在研究 Co_3O_4 粒子制备过程中，分别采用

$CoSO_4$、$Co(NO_3)_2$、$CoCl_2$ 等作为反应物，用次氯酸钠作氧化剂，在100℃时陈化数小时。实验表明：只有用醋酸钴作反应物时，获得方形 Co_3O_4 粒子；其他种类钴盐作反应物时，则无沉淀物出现。在陈化温度为300℃时，也只有用醋酸钴作反应物时才能获得方形 Co_3O_4 粒子，并且呈多分散，而其他种类钴盐作反应物时获得形状不规则 Co_3O_4 粒子。他们认为反应体系中的阴离子在粒子的形成过程中起重要的作用。

韩国全北大学 Yeon-Tae Yu 团队[56]也报道了采用醋酸钴为前驱体在碱性溶液水热合成制备尖晶石型 Co_3O_4 的研究工作。

1.2.4 喷雾热解法

喷雾热解法（spray pyrolysis，SP）是在喷雾干燥基础上发展起来的一种合成超细粉体及制备薄膜等的气溶胶技术。该法将金属盐溶液喷雾至高温气氛中，溶剂蒸发和金属盐热解在瞬间同时发生从而制得氧化物粉末。该方法也称为喷雾焙烧法、火焰喷雾法。喷雾热解法操作简单，一步完成，反应时间极短，因此每一个组分细微液滴在反应过程中来不及发生偏析，从而可获得组成均匀的超细粉体材料。同时由于该方法的原料是均匀混合的溶液，故可精确控制所合成化合物和最终功能材料的组成。喷雾热解与喷雾干燥有很多相似面，但二者雾滴的沉淀和缩聚过程不同，且在喷雾热解法中同时发生物理和化学反应，而喷雾干燥技术中仅发生物理反应[57]。

韩国建国大学 Do Youp Kim 等人[58]以0.3mol/L 的硝酸钴为原料，载流空气的流量控制为40L/min，采用1.7MHz 的超声喷嘴实施反应溶液雾化，制备的前驱液在700℃下喷雾热解制得球型 Co_3O_4 粉末，对制备的粉末进行热处理，采用不同的热处理温度，即可得到具有不同粒径分布的分散性好的 Co_3O_4 粉末。他们还研究了添加乙烯基乙二醇对粉末的影响，当前驱液中添加乙烯基乙二醇（浓度为0.7mol/L）时，热处理后得到的 Co_3O_4 颗粒粒径分布均匀，粒子分散性较好。如未添加乙烯基乙二醇，喷雾热分解制得的 Co_3O_4 粉末热处理前后变化不大。该法创新性地提出了在喷雾前驱液中添加有机物以提高产物的分散性能，但有机物的添加相应地提高了制备成本。

中南大学郭学益等人[59~61]在传统喷雾热解法的基础上进行了改进，综合考虑粉末制备与产物气体的回收利用。他们以氯化钴溶液为原料，采用电加热竖式反应器，分别考察了反应温度、溶液浓度、载气压力等因素对产物粒子形貌、粒度分布的影响，确定了最佳反应温度为850℃，原料浓度为1.5mol/L，雾化压力为 1.5×10^5Pa，制备得到出物相单一、平均粒径为300~500nm 的 Co_3O_4 粉末。同时还对副产物盐酸进行回收再利用。

此外，印度史华济大学 V. R. Shinde 等人[62]报道了采用0.05mol/L 氯化钴为原料，控制溶液流量为4cm^3/min，采用喷雾热解法在玻璃基体表面沉积出一层厚度为0.8μm的均匀致密的Co_3O_4薄膜，并将其应用于制备超级电容器。

1.2.5 化学沉淀—热分解法

化学沉淀—热分解法是液相化学反应合成金属氧化物超细粉体材料最普遍的方法，主要利用各种溶解在水中的物质，反应生成不溶性的氢氧化物、碳酸盐、硫酸盐、乙酸盐等，再将沉淀物加热分解，得到氧化物粉末。通过化学沉淀过程，可以选择适当的热分解前驱物，降低热分解温度；同时能够控制前驱物的形貌和粒度，产出具有特定形貌、粒度，比表面积的粉体。该法具有反应条件温和、工艺简单、产物组成均匀、纯度高等特点，便于推广和工业化生产。在钴氧化物粉体制备领域中占有极其重要的地位。

中南大学卿波[63]、段炼等人[64]先后系统研究了以碳铵和尿素为沉淀剂制备前驱体粉末，再经过热分解制备得到高品质Co_3O_4的工艺。特别对尿素均匀沉淀过程进行了密闭体系和开放体系的对比研究，发现在密闭体系中随着反应条件的不同，制备的Co_3O_4呈针状、纤维状、聚集球状、聚集多面体等多种形貌。

P. Jeevanandam等人[65]报道了用一定浓度的$Co(NO_3)_2$溶液作原料，尿素作沉淀剂，在超声波作用下得到针状α-$Co(OH)_2$。在空气或氮气中，300℃时热分解，产生无定型纳米级钴氧化物粒子。Co_3O_4平均粒径为9nm，CoO平均粒径为6nm。同时指出，在液相反应中，不施加超声波则生成六角片状α-$Co(OH)_2$前驱物粒子。

T. Ishikawa和Egon Matijevic[66]研究了用不同浓度的$CoSO_4$溶液与尿素混合，均匀沉淀法制备钴的碳酸盐沉淀物形貌的变化。沉淀粒子随反应条件的不同，呈现球形、针状、片状等形貌。同时，他们研究了十二烷基磺酸钠（SDS）对粒子形貌和粒度的影响及钴的碳酸盐沉淀在热处理过程中形貌和粒度的变化。

李亚栋等人[67]报道了液相控制沉淀—热分解工艺制备Co_3O_4粉末的研究。用一定浓度$Co(NO_3)_2$溶液与Na_2CO_3反应，生成胶状沉淀物，但液固分离困难，并且沉淀物吸附大量Na^+难以洗涤除去。当采用NH_4HCO_3作沉淀剂时，通过控制溶液pH值，抑制Co^{2+}的水解，生成$Co_2(OH)_2CO_3$沉淀物。热分解过程中无需引入保护剂，可以克服溶液化学法制粉中的团聚现象，生成的Co_3O_4粒子呈球形，无明显团聚，粒度为3～12nm。

1.2.6 其他制备方法

除了上述最常见的制备方法外，近几年国内外又出现了一些新的制备方法，包括臭氧氧化法、还原氧化法、有机物改性煅烧法等都在不断涌现。

中南大学郭学益等人[68~70]发明了一种臭氧弥散氧化沉淀—热分解制备钴氧化物粉末的装置及工艺技术。在0.01~2.0mol/L的钴盐溶液中，按溶液中钴金属质量的0.1%~1%加入高分子分散剂；调节pH值为0.5~5.5；将微米级气泡的臭氧气体或含臭氧的氧气或空气弥散于钴液中；通过控制反应条件，制备得到前驱体粉末，再将其洗涤、干燥，在300~1000℃焙烧3~10h，制得钴氧化物粉末。该法制备出的钴氧化物产品粒度微细、均匀，粒度分布窄；同时氧化沉淀速度快、效率高，沉淀过程除臭氧后不需要消耗其他试剂，且氧化反应副产物为氧气，对环境友好。

南京航空航天大学曹洁明等人[71]首次报道了还原氧化法制备Co_3O_4粉末。将氯化钴溶液与邻二氮杂菲溶液混合，超声处理形成Co^{2+}配合物后，迅速向混合溶液中倒入$NaBH_4$溶液，此时，混合溶液变为黑色，Co^{2+}被还原为由苯基包覆的Co纳米颗粒；将此悬浊液搅拌后离心分离，干燥后与KCl和NaCl混合，再将混合后的粉末在700℃下煅烧，在煅烧过程中Co粉与氧气发生反应生成Co_3O_4粉末；最后将煅烧后的粉末在空气中冷却到室温，用蒸馏水洗涤除去KCl和NaCl，即可得到直径为150nm、长度在2μm左右的棒状Co_3O_4粉末。

澳大利亚卧龙岗大学Z. W. Zhao等人[72]采用有机物改性煅烧法制备Co_3O_4粉末。使用醇类有机物作溶剂，将氯化钴溶解、烘干、煅烧，制备了具有八面体形貌、颗粒均匀的Co_3O_4微粉。其具体制备过程是：在室温下将氯化钴添加到甲基苯乙醇中，放置数天；在放置期间，钴盐与甲基苯乙醇发生物理化学作用，有机物吸附金属钴离子，生成与二者性质均不相同的物质；之后将混合物置于烘箱中180℃烘干，制成前驱体，在不同温度下将其煅烧，即得粒径在2μm左右的Co_3O_4微粉。

1.3 钴氧化物工业生产现状

1.3.1 工业生产实践

目前，我国氧化钴的工业生产主要采用草酸钴热分解的方法，工业生产技术处于世界先进水平。先进的液-液萃取技术、高压浸出技术以及先进的高压浸出釜、喷雾干燥炉、高效混合澄清萃取器等都已广泛应用于氧化钴的工业生产中。国内企业都按照YS/T 256—2000（替代原GB/T 6518—86）标准[73]组织生产（见表1-7），其中Y类产品主要用于各种硬质合金和其他钴基合金，T类产品主要用于陶瓷、搪瓷、玻璃工业做着色颜料。用于电池工业的钴制品，包括钴氧化物，目前还没有相关国家标准或行业标准。

表 1-7　YS/T 256—2000 标准氧化钴的质量要求　(%)

金属	牌号					
	Y_0	Y_1	Y_2	T_0	T_1	T_2
Co	≥70.0	≥70.0	≥70.0	≥74.0	≥72.0	≥70.0
Ni	0.05	0.1	0.1	0.2	0.3	0.3
Fe	0.01	0.04	0.05	0.2	0.3	0.4
Ca	0.008	0.01	0.018	—	—	—
Mn	0.008	0.01	0.015	0.04	0.05	0.05
Na	0.004	0.008	0.015	—	—	—
Cu	0.008	0.01	0.05	0.04	0.1	0.2
Mg	0.01	0.02	0.03	—	—	—
Zn	0.005	0.005	0.01	0.01	0.05	0.10
Si	0.01	0.02	0.03	—	—	—
Pb	0.002	0.005	0.005	0.005	0.005	0.006
Cd	—	—	—	0.003	0.005	0.006
As	0.005	0.01	0.01	0.003	0.005	0.005
S	0.01	0.01	0.05	—	—	—

由于氧化钴的热分解前躯体草酸钴生产原料成分复杂、品位低，针对不同的含钴原料，科技工作者开发出多种草酸钴生产工艺流程。这些工艺流程虽各有特点，但一般都包括浸出、化学除杂、萃取除杂、镍钴分离、沉钴等工艺过程，目前我国应用最广泛的氧化钴工业生产工艺流程如图 1-1 所示。

1.3.1.1　原料浸出

为了使有价金属钴尽可能多地进入溶液中，通常采用浸出工艺处理钴原料。常用浸出工艺包括电化学浸出、酸性浸出、碱性浸出三种。电化学浸出主要是用来处理废高温合金、废硬质合金等难以直接酸溶的钴合金废料。将合金废料加入以盐酸为电解液的电解槽中，在直流电的作用下使合金中的钴被选择性氧化而进入电解液中，从而达到浸出废料中有价金属钴的目的。酸性浸出是采用硫酸或盐酸进行处理含钴的金属废屑、废催化剂和碳酸盐等废料。碱性浸出主要处理原料中含大量铝的锂离子二次电池正极废料，先采用氢氧化钠选择性浸出铝，再用硫酸浸出钴。

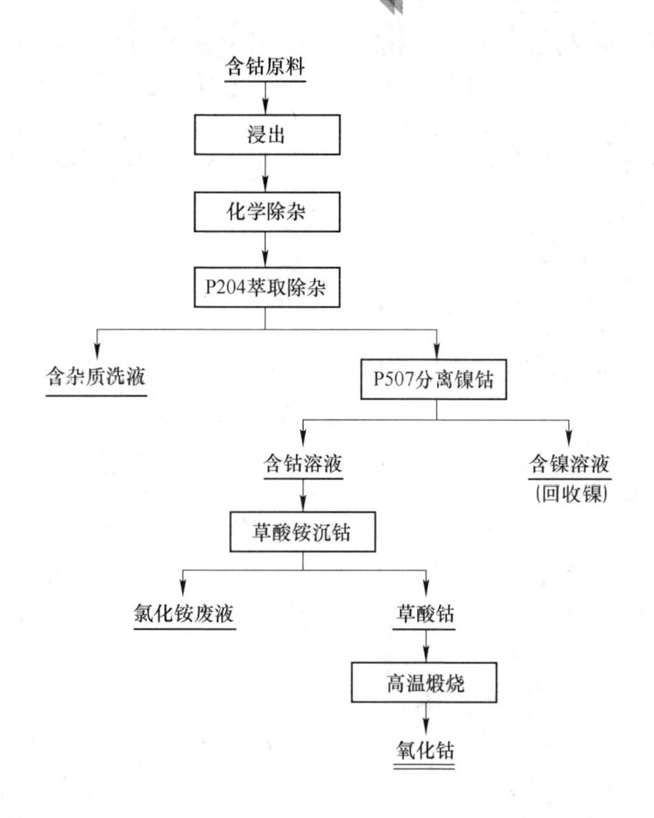

图 1-1 氧化钴工业生产典型流程

1.3.1.2 化学除杂

由于生产草酸钴原料大多为成分复杂的含钴的废料，在浸出过程中，常常有 Fe、Cr、Mn、Cu、Pb、Zn 等杂质元素一同溶于浸出液中，必须采用氧化中和法、硫化物沉淀法、置换法、氟化物沉淀法等方法去除。由于 Fe、Cr、Mn 类杂质在一定条件下易水解而产生沉淀，因而常采用 NaClO、$KMnO_4$、H_2O_2 等氧化剂将其低价离子氧化为高价态，再调节 pH 值使其水解沉淀并过滤除去。浸出液中 Cu 杂质一般采用铁粉或镍粉置换法去除，为了回收这部分铜，可在滤饼中加入稀硫酸，溶解其中的铁粉或镍粉，得到精铜产品。氧化中和法无法去除的 Pb、Zn 等杂质，可通过加入可溶性硫化物而使其产生沉淀去除。为保证后续萃取除杂分离工序的顺利进行，浸出液中 Ca、Mg 必须在萃取前通过向浸出液中加 NaF 或 NH_4F 除去。

1.3.1.3 P204 萃取除杂

在草酸钴的工业化生产中，含钴浸出液经化学预除杂后，虽然除去了大量的杂质，但还有少量杂质存在于净化液中，比如渗液中的 Cu、Fe、Pb、Zn、Ca、Mn 等杂质含量未达到草酸钴生产的要求，必须进行深度净化，常采用 P204 萃取除杂工艺。P204 是二-(2-乙基己基）磷酸的简称，一种透明略带黄色的烷基磷酸萃取剂，无臭味，易溶于苯石油、煤油等有机溶剂，不溶于酸性和碱性的水溶液，其分子结构式为：

$$\begin{array}{l} CH_3-CH_2-CH_2-CH_2-\underset{}{\overset{C_2H_5}{\overset{|}{C}H}}-CH_2-O \\ \qquad\qquad\qquad\qquad\qquad\qquad\qquad\qquad\qquad\quad \searrow \overset{O}{\underset{}{\overset{\|}{P}}}-OH \\ CH_3-CH_2-CH_2-CH_2-\underset{\underset{C_2H_5}{|}}{CH}-CH_2-O \nearrow \end{array}$$

从以上结构可看出，P204 分子中既有能与金属发生置换反应的氢离子，又有能与金属离子形成配位键的磷酰基，是一种螯合类萃取剂[74]。P204 的萃取过程是一个阳离子交换过程，它在有机溶液和水溶液中都能电离出一个氢离子，且在水溶液中的酸性要强于在有机溶液中的酸性，因此，在使用 P204 萃取前，一般都要用碱先将其进行皂化，以平衡萃取过程中的 pH 值[75]。

P204 对一些金属的萃取顺序是：$Fe^{3+} > Zn^{2+} > Ca^{2+} > Cu^{2+} > Mn^{2+} > Co^{2+} > Mg^{2+} > Ni^{2+}$。因此可适用于从镍钴溶液中萃取除 Fe、Zn、Ca、Cu 和 Mn 等杂质，使其含量能降低到 0.001g/L[76,77]。P204 萃取深度除杂的一般操作条件是：有机相组成为 23% P204 加 77% 煤油，相比（O/A）为 2∶1，混合时间为 5min，萃取段 10 级，洗涤 5 级，反萃 10 级，反萃铁 5 级，澄清段 3 级。

1.3.1.4　P507 分离镍钴

由于镍钴性质相近，分离较为困难。在氧化钴生产实践中常用 P507 萃取剂萃取分离镍钴，该法分离效果好，且能保证最终产品精制氧化钴的品质。P507 是 2-乙基己基磷酸单（2-乙基己基）酯的简称，是一种无色透明、不易挥发的油状液体，也是一类酸性磷酸类萃取剂。P507 萃取反应属于阳离子交换型[78]，其分子结构式为：

$$\begin{array}{l} CH_3-CH_2-CH_2-\overset{C_2H_5}{\overset{|}{C}H}-CH_2-CH_2 \\ \qquad\qquad\qquad\qquad\qquad\qquad\qquad\qquad\quad \searrow \overset{O}{\overset{\|}{P}}-OH \\ CH_3-CH_2-CH_2-CH_2-\underset{\underset{C_2H_5}{|}}{CH}-CH_2-O \nearrow \end{array}$$

P507 萃取分离镍钴的一般操作条件是：有机相组成为 25% P507 加 75% 煤油，相比（O/A）为 3∶1，混合时间为 5min，萃取 10 级，洗涤 5 级，反萃 10 级，

反萃铁5级。镍钴萃取分离后的萃余液可采用碳酸钠中和方法回收镍，生产碳酸镍等镍盐产品。

1.3.1.5 草酸铵沉钴

萃取分离镍钴后，钴主要以氯化钴（$CoCl_2$）溶液的形式存在，必须加入沉淀剂使钴沉淀下来。为了使得钴沉淀率高，产物草酸钴化学物理性能好，目前工业生产中普遍采用草酸铵为沉淀剂，其主要反应为：

$$(NH_4)_2C_2O_4 + CoCl_2 \xlongequal{} CoC_2O_4\downarrow + 2NH_4Cl \tag{1-1}$$

生产实践中，首先将氨水加入到草酸水溶液中以配制草酸铵溶液，控制草酸铵溶液的pH值为4.3左右；然后将配制好的草酸铵溶液按一定速度加入到一定浓度和pH值的氯化钴溶液当中，当反应釜中液体的pH值升高到1.7～2.0时，停止加入草酸铵，此时加入的草酸量约为钴量的2.3倍。在设定的温度下陈化一定时间，过滤后，母液直接排放。生产工艺流程如图1-2所示。

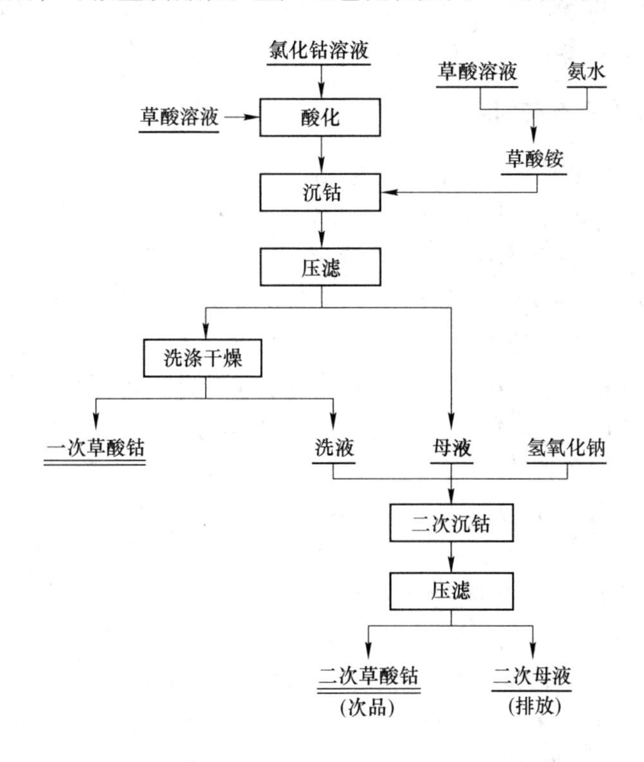

图1-2　草酸铵沉钴工艺流程

草酸铵沉钴体系中存在钴氨的配合反应，部分钴氨配合物中的Co^{2+}会缓慢释放生成CoC_2O_4，溶液中沉淀、溶解和再结晶过程均匀进行，体系中能够维持一定的过饱和度。氨的加入能改变粒子的形貌和松装密度，通过控制溶液的初始pH值可以控制草酸钴形貌松装密度。在高pH值条件下，即使溶液中有大量氨存在，由于体系中存在钴氨的配合反应，粒子的生长以陈化生长方式为主，形貌为针状。在低pH值（pH值小于6）条件下，随着溶液中NH_4^+浓度的增加，粒子的形貌变粗短，当初始溶液中$[Co^{2+}]/[NH_4^+]$小于0.4时，陈化现象能在较短的时间内被抑制，最终形成方形粒子，松装密度较大[5]。

为同时保证产品质量和高沉钴率，一般采用两段沉钴工艺。生产得到的一次草酸钴化学纯度高，产品性能好，但得到的二次草酸钴杂质含量高，产品流动性差。生产实践表明，用草酸铵沉钴，加料速度、反应温度、搅拌强度等工艺条件对产物的粒度有很大的影响。

1.3.1.6 草酸钴煅烧

将沉淀草酸钴在电炉内煅烧便可得到氧化钴。工业生产中，精制草酸钴（一次草酸钴）煅烧可得Y类精制氧化钴，而工业草酸钴（二次草酸钴）煅烧只可得到T类氧化钴粉末。

1.3.2 工业生产存在的问题

从生产工艺流程中不难看出，草酸钴的生产过程中大量使用液氨（或氨水）和草酸作为原料，其中NH_3除了极小部分挥发到空气中以外，绝大多数都是以铵盐、氨水等形式进入废水中，产生大量含有氯化铵和草酸的酸性母液。据统计，每生产1t金属钴量的草酸钴需要约3.6t氨水，产生的母液中含有约20~30g/L的NH_4^+。因其回收困难且增加成本，所以工业上常将其直接排放。

然而，水体中氨氮的浓度是评价水体污染程度的一个重要指标，工业生产过程所排放的含氨废水是污染水体并造成水体中氨氮浓度升高的主要源头，对人类生存环境产生诸多危害[79~81]：

（1）造成水体的富营养化。氨水中含氮浓度高，而氮是植物和微生物的主要营养物质，水体中氨含量的增加会造成水体的富营养化，促进水中藻类繁殖。大量藻类的繁殖、死亡和腐化会消耗水中的溶解氧，引起水中氧的大量减少，使水体产生所谓赤潮或富营养化，严重威胁鱼虾生命安全和人畜健康[82]。

（2）威胁生物多样性。含氨废水对许多生物的生存有很大的威胁。当水体中氨氮含量超过1mg/L，就会使生物血液结合氧的能力下降。当氨氮含量超过3mg/L，在24~96h内金鱼和鳊鱼等大部分鱼类和水生物就会死亡。另外氨氮在水体中溶解氧、亚硝酸菌、硝酸菌的作用下，产生大量致癌物质NO_2^-和NO_3^-，对人们身体健康造成巨大的威胁。人若饮用了NO_2^-超过10mg/L或NO_3^-超过50mg/L的水，则体内正常的血红蛋白会被氧化成高铁血红蛋白，引起体内出现缺氧的症状。一般水中亚硝酸盐的允许浓度为1mg/L以下[83,84]。

根据我国《污水综合排放标准》(GB 8978—1996)[85]中的相关规定（见表1-8），有色金属企业的氨氮排放量一级标准应小于15mg/L，二级标准应小于25mg/L，这也意味着草酸铵沉钴母液中NH_4^+离子浓度远远超过了国家规定的排放标准。如果直接排放，势必引起严重环境污染问题。

表1-8 《污水综合排放标准》氨氮最高排放浓度 (mg/L)

污染物	适应范围	一级标准	二级标准
氨 氮	医药原料药、染料、石油化工工业	15	50
	其他排污单位	15	25

1.3.3 含氨工业废水处理现状

为了使草酸铵沉钴母液达到国家排放标准，必须对其进行处理。由于这类含氨废水组分复杂，回收处理的工艺技术烦琐，投资运行成本高，故国内多数草酸钴生产厂家都是先将含氨废水与工厂其他废水混合稀释氨氮浓度，然后加生石灰进行简单中和处理，然后直接外排。

采用稀释和生石灰（CaO）简单处理后直接外排这类含氨废水，虽然氨氮浓度达到国家当前实行的排放标准，但仍需通过到城市污水处理系统进行再处理。这不仅易引起水体的富营养化，污染环境，而且也造成氨资源的严重流失。同时从长远来看，随着水体环境污染日益严峻，国家和地方环保部门将出台更加严格的工业废水氨氮含量排放标准，现行草酸钴生产企业把含氨废水简单处理后直接排放的方法最终将被禁止。

目前，有不少科研院校和企业在不断研究开发和改进对含氨废水进行无害化处理的方法技术，这些技术包括吹脱法[86]、蒸氨法[87]、精馏法[88]、折点氯化法[89]、化学沉淀法[90]和离子交换法[91,92]等。但由于这些含氨废水的处理方法都有各自的局限性，目前得到工业应用的较少。

在含氨废水处理中，一方面要考虑降低废水中氨的浓度，另一方面也要考虑回收废水中的氨以降低运行成本。目前含氨废水处理主要存在以下问题：

（1）含氨废水处理工程占地面积大、项目基建投资多，处理每吨氨氮需要上万元投资。本来氨的流失已经造成经济损失，为达到环境排放标准，还要付出几十倍的费用来处理这些流失的氨，这是极不合理的，一般企业是难以承受的。

（2）现有设施处理能力有限，随着生产发展，废水排放量不断增大，存在超负荷运行状况，处理效果难以达到标准要求。而且含氨废水处理过程中易引起二次环境污染，处理费用高，每处理1t氨约需上万元，但回收得到的大都是低附加值产品。

(3) 生产企业以追求自身利润最大化为目的，宁愿受罚也不愿配备废水处理工程，同时一些企业虽建设了废水处理设施，但由于资金或管理等原因，运转率不高，处理效果不佳，直排、偷排现象时有发生。

1.4 研究背景及研究思路

1.4.1 研究目的和意义

传统草酸铵沉钴工艺产生的含氨废水完全回收处理较为困难，尚未有十分有效的处理技术。直接排放不仅对环境会造成严重危害，同时也是资源和能源的浪费，且企业现行按“达标排放”的治理模式也将受到国家越来越严格环保法律的约束。因此，探索新的生产工艺，从源头解决含氨废水的处理问题，实现资源高效利用，最终实现改善环境与提高经济效益的双重目的，对提高企业的综合竞争力和企业的可持续发展具有重要意义。

本书致力于从源头上解决这一难题，即从原料选取上就避免氨水的加入，探索一种无氨草酸沉淀—热分解制备氧化钴的新方法，其沉淀原理如下：

$$H_2C_2O_4 + CoCl_2 \Longrightarrow CoC_2O_4 \downarrow + 2HCl$$

无氨草酸沉钴是利用草酸钴在强酸性体系中溶度积比较小的特性，向氯化钴溶液中直接加入草酸而沉淀出草酸钴的一种方法。采用此方法不仅可以制备出物理性能良好的草酸钴，而且反应生成的大量盐酸可以返回含钴原料的浸出工序，从而节约生产成本并可改善环境。

1.4.2 研究的主要内容

本书将系统探讨无氨草酸沉淀—热分解制备氧化钴的工艺路线及沉淀母液的循环利用问题。根据无氨体系的新特点，结合沉淀热力学、固体热分解动力学、液-液萃取机理等理论研究，探索出适合工业生产的工艺路线和工艺参数，为工业技术开发提供依据。本书将主要围绕以下问题展开：

(1) 无氨草酸沉淀体系的热力学行为研究。主要研究无氨草酸沉淀过程溶液平衡机制，探索不同溶液沉淀体系的金属离子溶解平衡热力学关系，并对溶液中多金属离子（包括主金属及杂质离子）溶液化学行为进行研究，还将研究添加剂的加入对溶液中多金属离子行为的影响。

(2) 无氨草酸沉淀过程工艺参数选择与论证。首先探索不同钴盐溶液体系对沉淀草酸钴的影响；以工业上最常用的氯化钴为原料，着重研究不同溶液pH值、主金属离子浓度、反应温度、加料方式、沉淀剂过量系数等工艺参数对沉淀粒子形貌、粒度和沉淀率的影响，并将考察外加超声力场和添加剂的作用。

（3）草酸钴洗涤干燥、热分解行为研究。初步探索无氨沉淀草酸钴洗涤、干燥行为对防止粉末团聚的影响。主要将对草酸钴的热分解机理进行分析研究，从理论分析到实验检测全面验证草酸钴在不同气氛下的热分解产物，并研究草酸钴热分解动力学机理。

（4）无氨草酸沉钴母液循环利用研究。为了钴沉淀率而在反应中加入的过量草酸将导致母液中含有一定量的残留草酸。本书将研究将沉淀母液中草酸、盐酸进行有效分离的络合萃取法，主要就萃取体系选择、萃取参数确定、单级多级萃取实验研究等内容开展研究工作。

2 金属离子草酸沉淀体系热力学平衡分析

2.1 引言

无氨草酸沉淀制备草酸钴的实质，是金属钴在沉淀剂草酸作用下发生的化学沉淀反应。化学沉淀法制备粉末材料产品的过程中，溶液体系的热力学性质对目标金属离子的沉淀起着决定性的作用[93,94]。从热力学的角度研究沉淀体系的平衡状态，探讨 pH 值对沉淀体系热力学平衡的影响，可揭示沉淀过程中 pH 值、温度、时间及反应物浓度等各种条件因素对沉淀反应的影响规律，这对提高金属的沉淀率和产物品质具有十分重要的理论指导意义[95~97]。目前已经有学者对 Me^{n+}（Cu^{2+}、Zn^{2+}、Ni^{2+}、Co^{2+}）-NH_3-$C_2O_4^{2-}$-H_2O 体系和 Me^{n+}（Zn^{2+}、Ni^{2+}、Co^{2+}、Mg^{2+}、Ca^{2+}）-NH_3-CO_3^{2-}-H_2O 体系做了热力学研究[98~103]，并用于指导沉淀工艺条件控制，起到了很好的作用。

无氨草酸沉淀法制备草酸钴的溶液主体系为 Co^{2+}-$C_2O_4^{2-}$-Cl^--H_2O 体系。该体系是一类复杂的反应体系，其反应不仅包括 Co^{2+} 与 $C_2O_4^{2-}$ 生成草酸钴沉淀的反应，还包括杂质金属的沉淀及各种配合反应以及弱酸弱碱的离解平衡等诸多反应。对 Co^{2+}-$C_2O_4^{2-}$-Cl^--H_2O 体系中的热力学平衡进行分析，有助于揭示各种因素对沉淀反应平衡的影响规律，全面了解其中主金属钴及其他杂质金属的存在形式及分布状况，指导沉淀工艺实验有目的地进行。一般情况下，影响沉淀反应平衡的因素有温度、压力、浓度、沉淀粒子大小及晶粒的结构等。但一般都是在温度和压力一定、沉淀粒子性质一定的条件下，用溶解度来讨论比较直观形象。对于 Me^{2+}-$C_2O_4^{2-}$-Cl^--H_2O 体系而言，可用活度（浓度）$\lg c_{Me,T}$-pH 图来进行分析讨论。本章根据同时平衡原理和质量守恒的原理，推导出了 Me^{2+}-$C_2O_4^{2-}$-Cl^--H_2O 体系所含金属离子及草酸盐在水溶液中的热力学平衡数学模型，计算并绘出体系中所含金属粒子的 $\lg c_{Me^{2+},T}$-pH 关系图，研究 pH 值、添加剂及不同钴盐对体系平衡和对各金属离子的存在形式的影响。

2.2 Me^{2+}-$C_2O_4^{2-}$-Cl^--H_2O 体系热力学行为

2.2.1 热力学基本数据

无氨草酸沉淀氯化钴溶液体系中除了主金属离子 Co^{2+} 外，还包含多种可能存在的金属杂质离子，如 Ni^{2+}、Cu^{2+}、Pb^{2+}、Zn^{2+}、Mn^{2+}、Fe^{2+}、Ca^{2+}、Mg^{2+}等。其可能发生的反应包括各金属离子的水解反应；各金属离子与 $C_2O_4^{2-}$ 生成草酸盐的沉淀反应；各金属离子与 $C_2O_4^{2-}$ 之间的配合反应；主金属离子 Co^{2+}、杂质金属离子 Ca^{2+}、Cu^{2+} 与 $HC_2O_4^-$ 之间的配合反应；杂质金属离子 Cu^{2+}、Pb^{2+}、Zn^{2+}、Mn^{2+}、Fe^{2+} 与 Cl^-之间的配合反应以及弱酸的离解平衡反应。

表 2-1 ~ 表 2-9 分别列出了 Me^{2+}-$C_2O_4^{2-}$-Cl^--H_2O 体系中主体金属及各主要杂质金属离子可能存在的化学反应方程式及其平衡常数[104~108]。

表 2-1 Co^{2+}-$C_2O_4^{2-}$-Cl^--H_2O 体系可能存在的化学反应及其平衡常数（T=298K）

序 号	反 应	lg$K$
1	$H_2C_2O_4 = H^+ + HC_2O_4^-$	-1.27
2	$H_2O = H^+ + OH^-$	-14
3	$HC_2O_4^- = H^+ + C_2O_4^{2-}$	-4.27
4	$HCl = H^+ + Cl^-$	6.1
5	$Co^{2+} + Cl^- = CoCl^+$	-1.5
6	$Co^{2+} + C_2O_4^{2-} = Co(C_2O_4)^0$	4.79
7	$Co^{2+} + 2C_2O_4^{2-} = Co(C_2O_4)_2^{2-}$	6.7
8	$Co^{2+} + 3C_2O_4^{2-} = Co(C_2O_4)_3^{4-}$	9.7
9	$Co^{2+} + HC_2O_4^- = Co(HC_2O_4)^+$	1.61
10	$Co^{2+} + 2HC_2O_4^- = Co(HC_2O_4)_2^0$	2.89
11	$Co^{2+} + C_2O_4^{2-} = CoC_2O_4(s)$	7.26
12	$Co^{2+} + OH^- = Co(OH)^+$	4.3
13	$Co^{2+} + 2OH^- = Co(OH)_2^0$	8.4
14	$Co^{2+} + 3OH^- = Co(OH)_3^-$	9.7
15	$Co^{2+} + 4OH^- = Co(OH)_4^{2-}$	10.2
16	$Co^{2+} + 2OH^- = Co(OH)_2(s)$	14.9
17	$2Co^{2+} + OH^- = Co_2(OH)^{3+}$	2.7
18	$4Co^{2+} + 4OH^- = Co_4(OH)_4^{4+}$	25.6

表 2-2 杂质金属 Ni(Ⅱ)可能存在的化学反应及其平衡常数($T=298K$)

序号	反应	lgK
1	$Ni^{2+}+C_2O_4^{2-}=NiC_2O_4(s)$	9.40
2	$Ni^{2+}+C_2O_4^{2-}=Ni(C_2O_4)^0$	5.30
3	$Ni^{2+}+2C_2O_4^{2-}=Ni(C_2O_4)_2^{2-}$	7.64
4	$Ni^{2+}+3C_2O_4^{2-}=Ni(C_2O_4)_3^{4-}$	8.5
5	$Ni^{2+}+2OH^-=Ni(OH)_2(s)$	15.26
6	$Ni^{2+}+OH^-=Ni(OH)^+$	4.79
7	$Ni^{2+}+2OH^-=Ni(OH)_2^0$	8.55
8	$Ni^{2+}+3OH^-=Ni(OH)_3^-$	11.33
9	$2Ni^{2+}+OH^-=Ni_2(OH)^{3+}$	3.3
10	$4Ni^{2+}+4OH^-=Ni_4(OH)_4^{4+}$	28.3

表 2-3 杂质金属 Ca(Ⅱ)可能存在的化学反应及其平衡常数($T=298K$)

序号	反应	lgK
1	$Ca^{2+}+C_2O_4^{2-}=CaC_2O_4(s)$	8.59
2	$Ca^{2+}+C_2O_4^{2-}=Ca(C_2O_4)^0$	3.0
3	$Ca^{2+}+2C_2O_4^{2-}=Ca(C_2O_4)_2^{2-}$	2.69
4	$Ca^{2+}+2HC_2O_4^-=Ca(HC_2O_4)_2^0$	1.8
5	$Ca^{2+}+2OH^-=Ca(OH)_2(s)$	5.26
6	$Ca^{2+}+OH^-=Ca(OH)^+$	1.4
7	$Ca^{2+}+2OH^-=Ca(OH)_2^0$	3.83

表 2-4 杂质金属 Cu(Ⅱ)可能存在的化学反应及其平衡常数($T=298K$)

序号	反应	lgK
1	$Cu^{2+}+C_2O_4^{2-}=CuC_2O_4(s)$	9.35
2	$Cu^{2+}+C_2O_4^{2-}=Cu(C_2O_4)^0$	6.16
3	$Cu^{2+}+2C_2O_4^{2-}=Cu(C_2O_4)_2^{2-}$	8.5
4	$Cu^{2+}+HC_2O_4^-=Cu(HC_2O_4)^+$	3.18
5	$Cu^{2+}+2OH^-=Cu(OH)_2(s)$	19.66
6	$Cu^{2+}+OH^-=Cu(OH)^+$	7.0

续表 2-4

序　号	反　　应	lgK
7	$Cu^{2+}+2OH^- = Cu(OH)_2^0$	13.68
8	$Cu^{2+}+3OH^- = Cu(OH)_3^-$	17.00
9	$Cu^{2+}+4OH^- = Cu(OH)_4^{2-}$	18.5
10	$Cu^{2+}+Cl^- = CuCl^+$	0.1
11	$Cu^{2+}+2Cl^- = CuCl_2^0$	-0.6

表 2-5　杂质金属 Fe(Ⅱ)可能存在的化学反应及其平衡常数(T=298K)

序　号	反　　应	lgK
1	$Fe^{2+}+C_2O_4^{2-} = FeC_2O_4(s)$	6.5
2	$Fe^{2+}+C_2O_4^{2-} = Fe(C_2O_4)^0$	2.9
3	$Fe^{2+}+2C_2O_4^{2-} = Fe(C_2O_4)_2^{2-}$	4.52
4	$Fe^{2+}+3C_2O_4^{2-} = Fe(C_2O_4)_3^{4-}$	5.22
5	$Fe^{2+}+OH^- = Fe(OH)^+$	5.56
6	$Fe^{2+}+2OH^- = Fe(OH)_2^0$	9.77
7	$Fe^{2+}+3OH^- = Fe(OH)_3^-$	9.67
8	$Fe^{2+}+4OH^- = Fe(OH)_4^{2-}$	8.58
9	$Fe^{2+}+2OH^- = Fe(OH)_2(s)$	16.31
10	$Fe^{2+}+Cl^- = FeCl^+$	0.36

表 2-6　杂质金属 Pb(Ⅱ)可能存在的化学反应及其平衡常数(T=298K)

序　号	反　　应	lgK
1	$Pb^{2+}+C_2O_4^{2-} = PbC_2O_4(s)$	9.32
2	$Pb^{2+}+C_2O_4^{2-} = Pb(C_2O_4)^0$	4.91
3	$Pb^{2+}+2C_2O_4^{2-} = Pb(C_2O_4)_2^{2-}$	6.54
4	$Pb^{2+}+2OH^- = Pb(OH)_2(s)$	14.84
5	$Pb^{2+}+OH^- = Pb(OH)^+$	7.82
6	$Pb^{2+}+2OH^- = Pb(OH)_2^0$	10.85
7	$Pb^{2+}+3OH^- = Pb(OH)_3^-$	14.58
8	$Pb^{2+}+2Cl^- = PbCl_2(s)$	4.77

续表 2-6

序　号	反　　应	lg*K*
9	$Pb^{2+}+Cl^{-}=PbCl^{+}$	1.62
10	$Pb^{2+}+2Cl^{-}=PbCl_2^0$	2.44
11	$Pb^{2+}+3Cl^{-}=PbCl_3^-$	1.70
12	$Pb^{2+}+4Cl^{-}=PbCl_4^{2-}$	1.60

表 2-7　杂质金属 Mg(Ⅱ)可能存在的化学反应及其平衡常数(T=298K)

序　号	反　　应	lg*K*
1	$Mg^{2+}+C_2O_4^{2-}=MgC_2O_4(s)$	5.32
2	$Mg^{2+}+C_2O_4^{2-}=Mg(C_2O_4)^0$	3.43
3	$Mg^{2+}+2C_2O_4^{2-}=Mg(C_2O_4)_2^{2-}$	4.38
4	$Mg^{2+}+2OH^{-}=Mg(OH)_2(s)$	11.25
5	$Mg^{2+}+OH^{-}=Mg(OH)^{+}$	2.58
6	$Mg^{2+}+2OH^{-}=Mg(OH)_2^0$	1.00
7	$4Mg^{2+}+4OH^{-}=Mg_4(OH)_4^{4+}$	16.2

表 2-8　杂质金属 Mn(Ⅱ)可能存在的化学反应及其平衡常数(T=298K)

序　号	反　　应	lg*K*
1	$Mn^{2+}+C_2O_4^{2-}=MnC_2O_4(s)$	6.77
2	$Mn^{2+}+C_2O_4^{2-}=Mn(C_2O_4)^0$	3.97
3	$Mn^{2+}+2C_2O_4^{2-}=Mn(C_2O_4)_2^{2-}$	5.80
4	$Mn^{2+}+2OH^{-}=Mn(OH)_2(s)$	12.72
5	$Mn^{2+}+OH^{-}=Mn(OH)^{+}$	3.9
6	$Mn^{2+}+2OH^{-}=Mn(OH)_2^0$	5.8
7	$Mn^{2+}+3OH^{-}=Mn(OH)_3^-$	8.3
8	$Mn^{2+}+4OH^{-}=Mn(OH)_4^{2-}$	7.7
9	$2Mn^{2+}+OH^{-}=Mn_2(OH)^{3+}$	3.40
10	$2Mn^{2+}+3OH^{-}=Mn_2(OH)_3^+$	18.1
11	$Mn^{2+}+Cl^{-}=MnCl^{+}$	0.96

表 2-9 杂质金属 Zn(Ⅱ)可能存在的化学反应及其平衡常数(T=298K)

序 号	反 应	lg$K$
1	$Zn^{2+}+C_2O_4^{2-}=ZnC_2O_4(s)$	7.56
2	$Zn^{2+}+C_2O_4^{2-}=Zn(C_2O_4)^0$	4.89
3	$Zn^{2+}+2C_2O_4^{2-}=Zn(C_2O_4)_2^{2-}$	7.60
4	$Zn^{2+}+3C_2O_4^{2-}=Zn(C_2O_4)_3^{4-}$	8.15
5	$Zn^{2+}+2OH^-=Zn(OH)_2(s)$	16.5
6	$Zn^{2+}+OH^-=Zn(OH)^+$	4.40
7	$Zn^{2+}+2OH^-=Zn(OH)_2^0$	11.30
8	$Zn^{2+}+3OH^-=Zn(OH)_3^-$	14.14
9	$Zn^{2+}+4OH^-=Zn(OH)_4^{2-}$	17.66
10	$2Zn^{2+}+OH^-=Zn_2(OH)^{3+}$	5.0
11	$Zn^{2+}+Cl^-=ZnCl^+$	0.43
12	$Zn^{2+}+2Cl^-=ZnCl_2^0$	0.61
13	$Zn^{2+}+3Cl^-=ZnCl_3^-$	0.53
14	$Zn^{2+}+4Cl^-=ZnCl_4^{2-}$	0.20

2.2.2 计算方法原理及数学模型

本书用 $c_{Co,T}$、$c_{Ni,T}$、$c_{Cu,T}$、$c_{Pb,T}$、$c_{Zn,T}$、$c_{Mn,T}$、$c_{Fe,T}$、$c_{Ca,T}$、$c_{Mg,T}$、$c_{C_2O_4^{2-},T}$、$c_{Cl^-,T}$分别表示溶液中以各种形式存在的 Co(Ⅱ)、Ni(Ⅱ)、Cu(Ⅱ)、Pb(Ⅱ)、Zn(Ⅱ)、Mn(Ⅱ)、Fe(Ⅱ)、Ca(Ⅱ)、Mg(Ⅱ)、$C_2O_4^{2-}$ 和 Cl^-的总浓度，根据溶液中各离子的质量守恒原理，依据表 2-1 ~ 表 2-9 中的各反应平衡式可推导出以下方程：

$$c_{Co,T}=c_{Co^{2+}}+c_{Co(C_2O_4)^0}+c_{Co(C_2O_4)_2^{2-}}+c_{Co(C_2O_4)_3^{4-}}+c_{Co(HC_2O_4)^+}+c_{Co(HC_2O_4)_2^0}+c_{Co(OH)^+}+c_{Co(OH)_2^0}+c_{Co(OH)_3^-}+c_{Co(OH)_4^{2-}}+2c_{Co_2(OH)^{3+}}+4c_{Co_4(OH)_4^{4+}}+c_{CoCl^+} \tag{2-1}$$

$$c_{Ni,T}=c_{Ni^{2+}}+c_{Ni(C_2O_4)^0}+c_{Ni(C_2O_4)_2^{2-}}+c_{Ni(C_2O_4)_3^{4-}}+c_{Ni(OH)^+}+c_{Ni(OH)_2^0}+c_{Ni(OH)_3^-}+2c_{Ni_2(OH)^{3+}}+4c_{Ni_4(OH)_4^{4+}} \tag{2-2}$$

$$c_{Cu,T}=c_{Cu^{2+}}+c_{Cu(C_2O_4)^0}+c_{Cu(C_2O_4)_2^{2-}}+c_{Cu(HC_2O_4)^+}+c_{Cu(OH)^+}+c_{Cu(OH)_2^0}+c_{Cu(OH)_3^-}+c_{Cu(OH)_4^{2-}}+c_{CuCl^+}+c_{CuCl_2^0} \tag{2-3}$$

$$c_{Pb,T}=c_{Pb^{2+}}+c_{Pb(C_2O_4)^0}+c_{Pb(C_2O_4)_2^{2-}}+c_{Pb(OH)^+}+c_{Pb(OH)_2^0}+c_{Pb(OH)_3^-}+c_{Pb(OH)_6^{4-}}+ c_{PbCl^+}+c_{PbCl_2^0}+c_{PbCl_3^-}+c_{PbCl_4^{2-}} \tag{2-4}$$

$$c_{Zn,T}=c_{Zn^{2+}}+c_{Zn(C_2O_4)^0}+c_{Zn(C_2O_4)_2^{2-}}+c_{Zn(C_2O_4)_3^{4-}}+c_{Zn(OH)^+}+c_{Zn(OH)_2^0}+c_{Zn(OH)_3^-}+ c_{Zn(OH)_4^{2-}}+2c_{Zn_2(OH)^{3+}}+c_{ZnCl^+}+c_{ZnCl_2^0}+c_{ZnCl_3^-}+c_{ZnCl_4^{2-}} \tag{2-5}$$

$$c_{Mn,T}=c_{Mn^{2+}}+c_{Mn(C_2O_4)^0}+c_{Mn(C_2O_4)_2^{2-}}+c_{Mn(OH)^+}+c_{Mn(OH)_2^0}+c_{MnCl^+}+ c_{Mn(OH)_3^-}+c_{Mn(OH)_4^{2-}}+2c_{Mn_2(OH)^{3+}}+2c_{Mn_2(OH)_3^+} \tag{2-6}$$

$$c_{Fe,T}=c_{Fe^{2+}}+c_{Fe(C_2O_4)^0}+c_{Fe(C_2O_4)_2^{2-}}+c_{Fe(C_2O_4)_3^{4-}}+c_{Fe(OH)^+}+c_{Fe(OH)_2^0}+ c_{Fe(OH)_3^-}+c_{Fe(OH)_4^{2-}}+c_{FeCl^+} \tag{2-7}$$

$$c_{Ca,T}=c_{Ca^{2+}}+c_{Ca(C_2O_4)^0}+c_{Ca(C_2O_4)_2^{2-}}+c_{Ca(HC_2O_4)_2^0}+c_{Ca(OH)^+}+c_{Ca(OH)_2^0} \tag{2-8}$$

$$c_{Mg,T}=c_{Mg^{2+}}+c_{Mg(C_2O_4)^0}+c_{Mg(C_2O_4)_2^{2-}}+c_{Mg(OH)^+}+c_{Mg(OH)_2^0}+4c_{Mg_4(OH)_4^{4+}} \tag{2-9}$$

$$c_{C_2O_4^{2-},T}=c_{C_2O_4^{2-}}+c_{HC_2O_4^-}+c_{H_2C_2O_4}+c_{Co(C_2O_4)^0}+2c_{Co(C_2O_4)_2^{2-}}+3c_{Co(C_2O_4)_3^{4-}}+ c_{Co(HC_2O_4)^+}+2c_{Co(HC_2O_4)_2^0}+c_{Ni(C_2O_4)^0}+2c_{Ni(C_2O_4)_2^{2-}}+3c_{Ni(C_2O_4)_3^{4-}}+c_{Cu(C_2O_4)^0}+ 2c_{Cu(C_2O_4)_2^{2-}}+c_{Cu(HC_2O_4)^+}+c_{Pb(C_2O_4)^0}+2c_{Pb(C_2O_4)_2^{2-}}+c_{Zn(C_2O_4)^0}+2c_{Zn(C_2O_4)_2^{2-}}+ 3c_{Zn(C_2O_4)_3^{4-}}+c_{Mn(C_2O_4)^0}+2c_{Mn(C_2O_4)_2^{2-}}+c_{Fe(C_2O_4)^0}+2c_{Fe(C_2O_4)_2^{2-}}+3c_{Fe(C_2O_4)_3^{4-}}+ c_{Ca(C_2O_4)^0}+2c_{Ca(C_2O_4)_2^{2-}}+2c_{Ca(HC_2O_4)_2^0}+c_{Mg(C_2O_4)^0}+2c_{Mg(C_2O_4)_2^{2-}} \tag{2-10}$$

$$c_{Cl^-,T}=c_{Cl^-}+c_{CoCl^+}+c_{CuCl^+}+2c_{CuCl_2^0}+c_{PbCl^+}+2c_{PbCl_2^0}+3c_{PbCl_3^-}+4c_{PbCl_4^{2-}}+c_{ZnCl^+}+ 2c_{ZnCl_2^0}+3c_{ZnCl_3^-}+4c_{ZnCl_4^{2-}}+c_{FeCl^+}+c_{MnCl^+} \tag{2-11}$$

以上11个方程式是溶液中Co(Ⅱ)、Ni(Ⅱ)、Cu(Ⅱ)、Pb(Ⅱ)、Zn(Ⅱ)、Mn(Ⅱ)、Fe(Ⅱ)、Ca(Ⅱ)、Mg(Ⅱ)、$C_2O_4^{2-}$ 和 Cl^- 的质量守恒式，下面将就其中各项离子分布浓度进行计算。根据冶金热力学相关公式、定理可以做出以下计算：

(1) 计算溶液中各种Co(Ⅱ)的总浓度 $c_{Co,T}$。由pH值的定义：$pH=-\lg c_{H^+}$ 可知 c_{H^+} 与pH值的关系为：

$$c_{H^+}=10^{-pH}$$

同时根据水的离解平衡反应方程式

$$H_2O = H^+ + OH^- \qquad K_w=c_{H^+}c_{OH^-}$$

可以得出 c_{OH^-} 与pH值之间的关系为：

$$c_{OH^-} = 10^{pH-14}$$

根据表 2-1 中第 12 号反应式，有

$$c_{Co(OH)^+}/(c_{Co^{2+}}c_{OH^-}) = K_{12}$$

可得

$$c_{Co(OH)^+} = K_{12}c_{Co^{2+}}c_{OH^-} = 10^{4.3}c_{Co^{2+}} \times 10^{pH-14} = 10^{pH-9.7}c_{Co^{2+}}$$

同理可推导知：

$$c_{Co(OH)_2^0} = 10^{2\times pH-19.6}c_{Co^{2+}}$$

$$c_{Co(OH)_3^-} = 10^{3\times pH-32.3}c_{Co^{2+}}$$

$$c_{Co(OH)_4^{2-}} = 10^{4\times pH-45.8}c_{Co^{2+}}$$

$$c_{Co_2(OH)^{3+}} = 2 \times 10^{pH-11.3}c_{Co^{2+}}^2$$

$$c_{Co_4(OH)_4^{4+}} = 4 \times 10^{4\times pH-30.4}c_{Co^{2+}}^4$$

根据表 2-1 中第 3 号反应式，有

$$c_{H^+}c_{C_2O_4^{2-}}/c_{HC_2O_4^-} = K_3$$

可得

$$c_{HC_2O_4^-} = c_{H^+}c_{C_2O_4^{2-}}/K_3 = 10^{-pH} \times 10^{4.27}c_{C_2O_4^{2-}} = 10^{4.27-pH}c_{C_2O_4^{2-}}$$

根据表 2-1 中第 6 号反应式，有

$$c_{Co(C_2O_4)^0}/(c_{Co^{2+}}c_{C_2O_4^{2-}}) = K_6$$

可得

$$c_{Co(C_2O_4)^0} = K_6c_{Co^{2+}}c_{C_2O_4^{2-}} = 10^{4.79}c_{Co^{2+}}c_{C_2O_4^{2-}}$$

同理可推导知：

$$c_{Co(C_2O_4)_2^{2-}} = 10^{6.7}c_{Co^{2+}}c_{C_2O_4^{2-}}^2$$

$$c_{Co(C_2O_4)_3^{4-}} = 10^{9.7}c_{Co^{2+}}c_{C_2O_4^{2-}}^3$$

$$c_{Co(HC_2O_4)^+} = 10^{1.61}c_{Co^{2+}}c_{HC_2O_4^-} = 10^{5.88-pH}c_{Co^{2+}}c_{C_2O_4^{2-}}$$

$$c_{Co(HC_2O_4)_2^0} = 10^{2.89}c_{Co^{2+}}c_{HC_2O_4^-}^2 = 10^{11.43-2\times pH}c_{Co^{2+}}c_{C_2O_4^{2-}}^2$$

将上述方程式代入式（2-1）可得：

$$c_{Co,T}=c_{Co^{2+}}(1+10^{4.79}c_{C_2O_4^{2-}}+10^{6.7}c_{C_2O_4^{2-}}^2+10^{9.7}c_{C_2O_4^{2-}}^3+10^{5.88-pH}c_{C_2O_4^{2-}}+10^{11.43-2\times pH}c_{C_2O_4^{2-}}^2+10^{pH-9.7}+10^{2\times pH-19.6}+10^{3\times pH-32.3}+10^{4\times pH-45.8}+2\times10^{pH-11.3}c_{Co^{2+}}+4\times10^{4\times pH-30.4}c_{Co^{2+}}^3+10^{-0.5}c_{Cl^-})\tag{2-12}$$

（2）计算溶液中各种杂质金属的总浓度 $c_{Me,T}$。参照计算溶液中 $c_{Co,T}$总浓度计算方法原理，可推导出其他各杂质金属的总浓度分别如下：

$$c_{Ni,T}=c_{Ni^{2+}}(1+10^{5.3}c_{C_2O_4^{2-}}+10^{7.64}c_{C_2O_4^{2-}}^2+10^{8.5}c_{C_2O_4^{2-}}^3+10^{pH-9.21}+10^{2\times pH-19.45}+10^{3\times pH-30.67}+2\times10^{pH-10.7}c_{Ni^{2+}}+4\times10^{4\times pH-27.7}c_{Ni^{2+}}^3)\tag{2-13}$$

$$c_{Cu,T}=c_{Cu^{2+}}(1+10^{6.16}c_{C_2O_4^{2-}}+10^{8.5}c_{C_2O_4^{2-}}^2+10^{7.45-pH}c_{C_2O_4^{2-}}+10^{pH-7}+10^{2\times pH-14.32}+10^{3\times pH-25}+10^{4\times pH-37.5}+10^{0.1}c_{Cl^-}+10^{-0.6}c_{Cl^-}^2)\tag{2-14}$$

$$c_{Pb,T}=c_{Pb^{2+}}(1+10^{4.91}c_{C_2O_4^{2-}}+10^{6.54}c_{C_2O_4^{2-}}^2+10^{pH-6.18}+10^{2\times pH-17.15}+10^{3\times pH-27.42}+10^{6\times pH-23}+10^{1.62}c_{Cl^-}+10^{2.44}c_{Cl^-}^2+10^{1.7}c_{Cl^-}^3+10^{1.6}c_{Cl^-}^4)\tag{2-15}$$

$$c_{Zn,T}=c_{Zn^{2+}}(1+10^{4.89}c_{C_2O_4^{2-}}+10^{7.6}c_{C_2O_4^{2-}}^2+10^{8.15}c_{C_2O_4^{2-}}^3+10^{pH-9.6}+10^{2\times pH-17.7}+10^{3\times pH-27.86}+10^{4\times pH-38.34}+2\times10^{pH-9}c_{Zn^{2+}}+10^{0.43}c_{Cl^-}+10^{0.61}c_{Cl^-}^2+10^{0.53}c_{Cl^-}^3+10^{0.2}c_{Cl^-}^4)\tag{2-16}$$

$$c_{Mn,T}=c_{Mn^{2+}}(1+10^{3.97}c_{C_2O_4^{2-}}+10^{5.8}c_{C_2O_4^{2-}}^2+10^{pH-10.1}+10^{2\times pH-22.2}+10^{0.96}c_{Cl^-}+10^{3\times pH-33.7}+10^{4\times pH-48.3}+2\times10^{pH-10.6}c_{Mn^{2+}}+2\times10^{3\times pH-23.9}c_{Mn^{2+}})\tag{2-17}$$

$$c_{Fe,T}=c_{Fe^{2+}}(1+10^{2.9}c_{C_2O_4^{2-}}+10^{4.52}c_{C_2O_4^{2-}}^2+10^{5.22}c_{C_2O_4^{2-}}^3+10^{pH-8.44}+10^{2\times pH-18.23}+10^{3\times pH-32.33}+10^{4\times pH-47.42}+10^{0.36}c_{Cl^-})\tag{2-18}$$

$$c_{Ca,T}=c_{Ca^{2+}}(1+10^{3.0}c_{C_2O_4^{2-}}+10^{2.69}c_{C_2O_4^{2-}}^2+10^{10.34-2\times pH}c_{C_2O_4^{2-}}^2+10^{pH-12.6}+10^{2\times pH-24.17})\tag{2-19}$$

$$c_{Mg,T}=c_{Mg^{2+}}(1+10^{3.43}c_{C_2O_4^{2-}}+10^{4.38}c_{C_2O_4^{2-}}^2+10^{pH-11.42}+10^{2\times pH-27}+4\times10^{4\times pH-39.8}c_{Mg^{2+}}^3)\tag{2-20}$$

（3）计算草酸根总浓度 $c_{C_2O_4^{2-},T}$。由前述分析已知：$c_{HC_2O_4^-}=10^{4.27-pH}c_{C_2O_4^{2-}}$，由此，结合表2-1的第1号式可推知：

$$c_{H_2C_2O_4}=10^{1.27-pH}c_{HC_2O_4^-}=10^{5.54-2\times pH}c_{C_2O_4^{2-}}$$

根据表2-1～表2-9中所列各方程式可知，草酸根离子还会与溶液体系各种金属离子形成配合物，溶液中 $c_{C_2O_4^{2-},T}$ 与pH值之间的关系为：

$$\begin{aligned}c_{C_2O_4^{2-},T}=&c_{C_2O_4^{2-}}+c_{HC_2O_4^-}+c_{H_2C_2O_4}+c_{Co(C_2O_4)^0}+2c_{Co(C_2O_4)_2^{2-}}+3c_{Co(C_2O_4)_3^{4-}}+\\&c_{Co(HC_2O_4)^+}+2c_{Co(HC_2O_4)_2^0}+c_{Ni(C_2O_4)^0}+2c_{Ni(C_2O_4)_2^{2-}}+3c_{Ni(C_2O_4)_3^{4-}}+\\&c_{Fe(C_2O_4)^0}+2c_{Fe(C_2O_4)_2^{2-}}+3c_{Fe(C_2O_4)_3^{4-}}+c_{Ca(C_2O_4)^0}+2c_{Ca(C_2O_4)_2^{2-}}+2c_{Ca(HC_2O_4)_2^0}+\\&c_{Mg(C_2O_4)^0}+2c_{Mg(C_2O_4)_2^{2-}}+c_{Zn(C_2O_4)^0}+2c_{Zn(C_2O_4)_2^{2-}}+3c_{Zn(C_2O_4)_3^{4-}}+c_{Cu(C_2O_4)^0}+\\&2c_{Cu(C_2O_4)_2^{2-}}+c_{Cu(HC_2O_4)^+}+c_{Pb(C_2O_4)^0}+2c_{Pb(C_2O_4)_2^{2-}}+c_{Mn(C_2O_4)^0}+2c_{Mn(C_2O_4)_2^{2-}}\\=&c_{C_2O_4^{2-}}(1+10^{4.27-pH}+10^{5.54-2\times pH}+10^{4.79}c_{Co^{2+}}+2\times10^{6.7}c_{C_2O_4^{2-}}c_{Co^{2+}}+\\&3\times10^{9.7}c_{C_2O_4^{2-}}^2c_{Co^{2+}}+10^{5.88-pH}c_{Co^{2+}}+2\times10^{11.43-2\times pH}c_{C_2O_4^{2-}}c_{Co^{2+}}+10^{5.3}c_{Ni^{2+}}+\\&2\times10^{7.64}c_{C_2O_4^{2-}}c_{Ni^{2+}}+3\times10^{8.5}c_{C_2O_4^{2-}}^2c_{Ni^{2+}}+10^{2.9}c_{Fe^{2+}}+2\times10^{4.52}\\&c_{C_2O_4^{2-}}c_{Fe^{2+}}+3\times10^{5.22}c_{C_2O_4^{2-}}^2c_{Fe^{2+}}+10^{3.0}c_{Ca^{2+}}+2\times10^{2.69}c_{C_2O_4^{2-}}\\&c_{Ca^{2+}}+2\times10^{10.34-2\times pH}c_{C_2O_4^{2-}}c_{Ca^{2+}}+10^{3.43}c_{Mg^{2+}}+2\times10^{4.38}c_{C_2O_4^{2-}}c_{Mg^{2+}}+\\&10^{4.89}c_{Zn^{2+}}+2\times10^{7.6}c_{C_2O_4^{2-}}c_{Zn^{2+}}+3\times10^{8.15}c_{C_2O_4^{2-}}^2c_{Zn^{2+}}+10^{6.16}c_{Cu^{2+}}+\\&2\times10^{8.5}c_{C_2O_4^{2-}}c_{Cu^{2+}}+10^{7.45-pH}c_{Cu^{2+}}+10^{4.91}c_{Pb^{2+}}+2\times10^{6.54}c_{C_2O_4^{2-}}c_{Pb^{2+}}+\\&10^{3.97}c_{Mn^{2+}}+2\times10^{5.8}c_{C_2O_4^{2-}}c_{Mn^{2+}})\end{aligned}\tag{2-21}$$

（4）计算氯离子总浓度 $c_{Cl^-,T}$。溶液中氯离子除了以游离氯离子形式存在，其还会与各类金属离子发生配合反应，以各种配合物形式存在。溶液中各种存在形式的氯离子的总浓度 $c_{Cl^-,T}$ 为：

$$\begin{aligned}c_{Cl^-,T}=&c_{Cl^-}+c_{CoCl^+}+c_{FeCl^+}+c_{ZnCl^+}+2c_{ZnCl_2^0}+3c_{ZnCl_3^-}+4c_{ZnCl_4^{2-}}+c_{CuCl^+}+\\&2c_{CuCl_2^0}+c_{PbCl^+}+2c_{PbCl_2^0}+3c_{PbCl_3^-}+4c_{PbCl_4^{2-}}+c_{MnCl^+}=c_{Cl^-}(1+10^{-0.5}c_{Co^{2+}}+\\&10^{0.36}c_{Fe^{2+}}+10^{0.43}c_{Zn^{2+}}+2\times10^{0.61}c_{Cl^-}c_{Zn^{2+}}+3\times10^{0.53}c_{Cl^-}^2c_{Zn^{2+}}+4\times\end{aligned}$$

$$10^{0.2}c_{Cl^-}^3c_{Zn^{2+}}+10^{0.1}c_{Cu^{2+}}+2\times10^{-0.6}c_{Cl^-}c_{Cu^{2+}}+10^{1.62}c_{Pb^{2+}}+2\times10^{2.44}c_{Cl^-}c_{Pb^{2+}}+$$

$$3\times10^{1.7}c_{Cl^-}^2c_{Pb^{2+}}+4\times10^{1.6}c_{Cl^-}^3c_{Pb^{2+}}+10^{0.96}c_{Mn^{2+}}) \tag{2-22}$$

（5）确定溶液中各游离金属离子浓度 $c_{Me^{2+}}$。对于金属离子 Me^{2+}，其生成的草酸盐沉淀为 $MeC_2O_4(s)$，由于 $MeC_2O_4(s)$ 难溶于水，在水中饱和后存在以下平衡：

$$MeC_2O_4(s) \Longrightarrow Me^{2+} + C_2O_4^{2-}$$

根据化学平衡常数可知：$K=c_{Me^{2+}}c_{C_2O_4^{2-}}/c_{MeC_2O_4}$，由于 MeC_2O_4 是固体，浓度看成1，因此溶度积（用 K_{sp} 表示）为：

$$K_{sp} = c_{Me^{2+}}c_{C_2O_4^{2-}}$$

可得：

$$c_{Me^{2+},1} = K_{sp}/c_{C_2O_4^{2-}}$$

同理，由 Me^{2+} 形成氢氧化物沉淀的反应 $Me^{2+}+2OH^- = Me(OH)_2(s)$ 可得：

$$c_{Me^{2+},2} = K_{sp}/c_{OH^-}^2 = 10^{28-2\times pH}K_{sp}$$

则在溶液中：

$$\begin{aligned} c_{Me^{2+}} &= \min\{c_{Me^{2+},1}, c_{Me^{2+},2}\} \\ &= \min\{K_{sp}/c_{C_2O_4^{2-}}, 10^{28-2\times pH}K_{sp}\} \end{aligned} \tag{2-23}$$

由式（2-23）可以确定溶液中各金属离子浓度分别为：

$$c_{Co^{2+}} = \min\{10^{-7.26}/c_{C_2O_4^{2-}}, 10^{13.1-2\times pH}\} \tag{2-24}$$

$$c_{Ni^{2+}} = \min\{10^{-9.4}/c_{C_2O_4^{2-}}, 10^{12.74-2\times pH}\} \tag{2-25}$$

$$c_{Cu^{2+}} = \min\{10^{-9.35}/c_{C_2O_4^{2-}}, 10^{8.34-2\times pH}\} \tag{2-26}$$

$$c_{Zn^{2+}} = \min\{10^{-7.56}/c_{C_2O_4^{2-}}, 10^{11.5-2\times pH}\} \tag{2-27}$$

$$c_{Mn^{2+}} = \min\{10^{-6.77}/c_{C_2O_4^{2-}}, 10^{15.28-2\times pH}\} \tag{2-28}$$

$$c_{Fe^{2+}} = \min\{10^{-6.5}/c_{C_2O_4^{2-}}, 10^{11.69-2\times pH}\} \tag{2-29}$$

$$c_{Ca^{2+}} = \min\{10^{-8.59}/c_{C_2O_4^{2-}}, 10^{22.74-2\times pH}\} \tag{2-30}$$

$$c_{Mg^{2+}} = \min\{10^{-5.32}/c_{C_2O_4^{2-}}, 10^{16.75-2\times pH}\} \tag{2-31}$$

对于体系中杂质 Pb^{2+} 而言，当溶液中 c_{Cl^-} 为 1mol/L 时，$PbCl_2$ 达到溶解。由于所讨论的草酸-氯化钴溶液体系中设定的 c_{Cl^-} 大于 1mol/L，因此此体系不会有 $PbCl_2$ 沉淀生成。游离铅离子的浓度为：

$$c_{Pb^{2+}} = \min\{10^{-9.32}/c_{C_2O_4^{2-}}, 10^{13.16-2\times pH}\} \qquad (2\text{-}32)$$

2.2.3 各金属浓度对数与 pH 值关系

在 Me^{2+}-$C_2O_4^{2-}$-Cl^--H_2O 复杂体系中，有 $c_{Co,T}$、$c_{Co^{2+}}$、$c_{Ni,T}$、$c_{Ni^{2+}}$、$c_{Cu,T}$、$c_{Cu^{2+}}$、$c_{Pb,T}$、$c_{Pb^{2+}}$、$c_{Zn,T}$、$c_{Zn^{2+}}$、$c_{Mn,T}$、$c_{Mn^{2+}}$、$c_{Fe,T}$、$c_{Fe^{2+}}$、$c_{Mg,T}$、$c_{Mg^{2+}}$、$c_{Ca,T}$、$c_{Ca^{2+}}$、$c_{C_2O_4^{2-},T}$、$c_{C_2O_4^{2-}}$、$c_{Cl^-,T}$、c_{Cl^-} 和 pH 值 23 个变量，式（2-12）~式（2-22）以及式（2-24）~式(2-32) 共计 20 个方程式。由于上述各离了浓度均与 pH 值有关，当假定其中的 $c_{C_2O_4^{2-},T}$和 $c_{Cl^-,T}$为已知值时，在一定的 pH 值下，根据上述 20 个式子可以分别解出方程 $c_{Co,T}$、$c_{Ni,T}$、$c_{Cu,T}$、$c_{Pb,T}$、$c_{Zn,T}$、$c_{Mn,T}$、$c_{Fe,T}$、$c_{Ca,T}$、$c_{Mg,T}$，从而分别得出以上各金属离子总浓度的对数与 pH 值之间的关系。

由于本体系热力学分析过程计算烦琐，相互迭代频繁，本书采用计算机编写相应程序实现热力学计算的自动化以及计算数据处理的简易化[109,110]。本书首先选定 $c_{Cl^-,T}$为 2mol/L，根据 Newton 迭代方法[111]解出相应的关系式，考察不同 $c_{C_2O_4^{2-},T}$浓度下各金属总浓度与 pH 值的关系，从而绘制出 $\lg c_{Me,T}$ − pH 关系图。

主金属 Co(Ⅱ)的 $\lg c_{Co,T}$-pH 关系图如图 2-1 所示。从图 2-1 可以看出，溶液中 $c_{Co,T}$随着 pH 值上升先减后增，在 pH 值为 2.0 附近达到最低值。这是因为溶液中的草酸既是沉淀剂又是配合剂。草酸电离生成的 $C_2O_4^{2-}$ 与 Co^{2+} 发生沉淀反应，

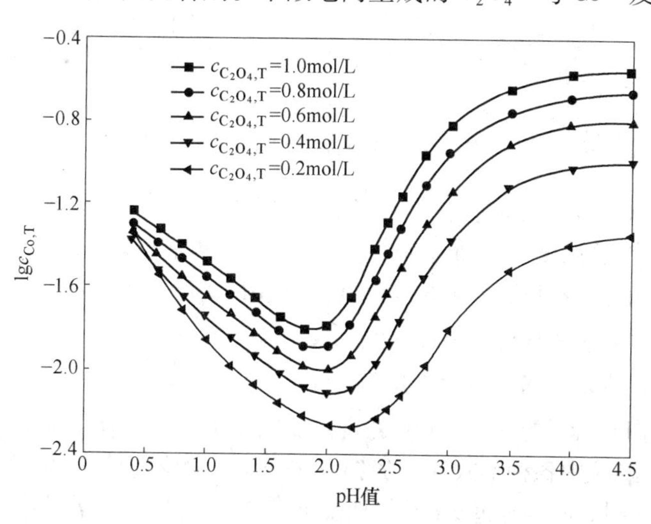

图 2-1 Co^{2+}-$C_2O_4^{2-}$-Cl^--H_2O 系 $\lg c_{Co,T}$-pH 曲线图（T=298K）

降低 $c_{Co,T}$；同时草酸电离生成的 $HC_2O_4^-$ 和 $C_2O_4^{2-}$ 又会与 Co^{2+} 发生配合反应，增加 $c_{Co,T}$。当 pH 值小于 2.0 时，pH 值增加更有利于促进草酸与钴离子的沉淀反应进行，因此随着 pH 值上升，溶液中 Co^{2+} 沉淀得越多，$c_{Co,T}$越低。而当 pH 值大于 2.0 时，pH 值增加则更有利于草酸与钴离子的配合反应，因而随着 pH 值的上升，溶液中与草酸配合的钴离子越多，$c_{Co,T}$越多。由图 2-1 还可以发现，$c_{Co,T}$随着草酸总浓度 $c_{C_2O_4^{2-},T}$的增加而增加，这表明 $c_{C_2O_4^{2-},T}$增加则更有利于其与钴离子的配合反应。

杂质金属 Ni(Ⅱ)的 $\lg c_{Ni,T}$-pH 关系图如图 2-2 所示。从图中可知，溶液中各种形式存在的镍总浓度 $c_{Ni,T}$随着 pH 值增加先减后增，在 pH 值为 1.3 附近达到极低值。同时，当 pH 值小于 1.3 时，随着 $c_{C_2O_4^{2-},T}$增加，$c_{Ni,T}$减少；而在 pH 值大于 1.3 时，溶液中 $c_{Ni,T}$随着 $c_{C_2O_4^{2-},T}$的增加而增加。

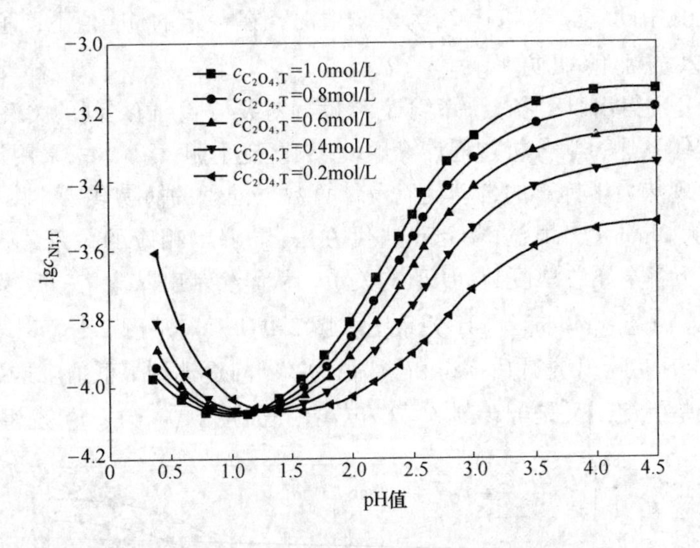

图 2-2 Ni^{2+}-$C_2O_4^{2-}$-Cl^--H_2O 系 $\lg c_{Ni,T}$-pH 曲线图（T=298K）

杂质金属 Cu(Ⅱ)的 $\lg c_{Cu,T}$-pH 关系图如图 2-3 所示。从图中可知，溶液中各种形式存在的铜总浓度 $c_{Cu,T}$随着 pH 值的增加先减少而后增加，在 pH 值达到 1.8 附近达到最低值。同时从图中还可看出，当 pH 值低于 1.5 时，$c_{Cu,T}$随着草酸总浓度 $c_{C_2O_4^{2-},T}$的增加而不变；而在 pH 值大于 1.5 时，由于 Cu^{2+} 与草酸的配合反应，溶液中 $c_{Cu,T}$随着 $c_{C_2O_4^{2-},T}$的增加而增加。

杂质金属 Pb(Ⅱ)的 $\lg c_{Pb,T}$-pH 关系图如图 2-4 所示。从图中可知，当 pH 值小于 3.5 时，溶液中各种形式存在的铅总浓度 $c_{Pb,T}$随着 pH 值的增加而减少；当 pH 值大于 3.5 时，$c_{Pb,T}$则随 pH 值的增加而不变。同时还可从图中得出，随着草酸总浓度 $c_{C_2O_4^{2-},T}$增加，溶液中 Pb^{2+} 总浓度下降。

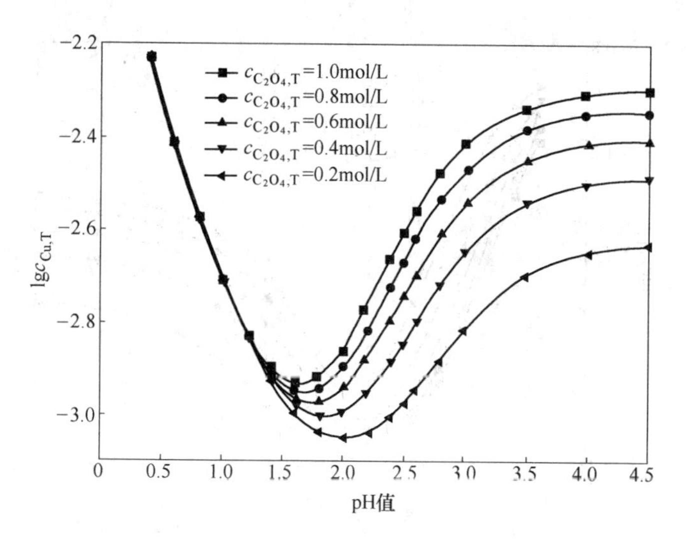

图 2-3 Cu^{2+}-$C_2O_4^{2-}$-Cl^--H_2O 系 $lgc_{Cu,T}$-pH 曲线图（$T=298K$）

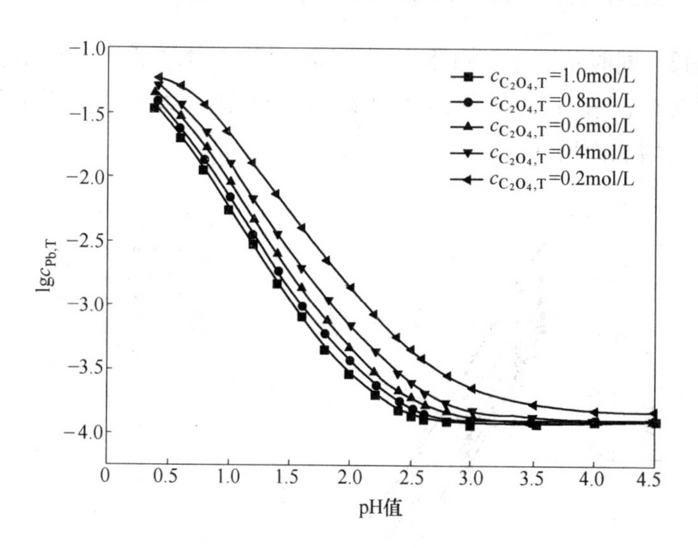

图 2-4 Pb^{2+}-$C_2O_4^{2-}$-Cl^--H_2O 系 $lgc_{Pb,T}$-pH 曲线图（$T=298K$）

杂质金属 Zn(Ⅱ)的 $lgc_{Zn,T}$ − pH 关系图如图 2-5 所示。从图中可知，溶液中各种形式存在的锌总浓度 $c_{Zn,T}$随 pH 值增加先减后增，在 pH 值为 1.8 附近出现极小值。同时从图中还可得出，溶液中 $c_{Zn,T}$在 pH 值较低时（小于 1.8），随着草酸总浓度 $c_{C_2O_4^{2-},T}$的增加而减少；而在 pH 值较高时，则随着 $c_{C_2O_4^{2-},T}$的增加而上升。

杂质金属 Mn(Ⅱ)的 $lgc_{Mn,T}$-pH 关系图如图 2-6 所示。从图中可知，当 pH 值小于 2.5 时，溶液中各种形式存在的锰总浓度 $c_{Mn,T}$随 pH 值增加而显著下降；当 pH 值大于 2.5 时，由于草酸与锰离子的配合作用增强，溶液中 $c_{Mn,T}$随着 pH 值增

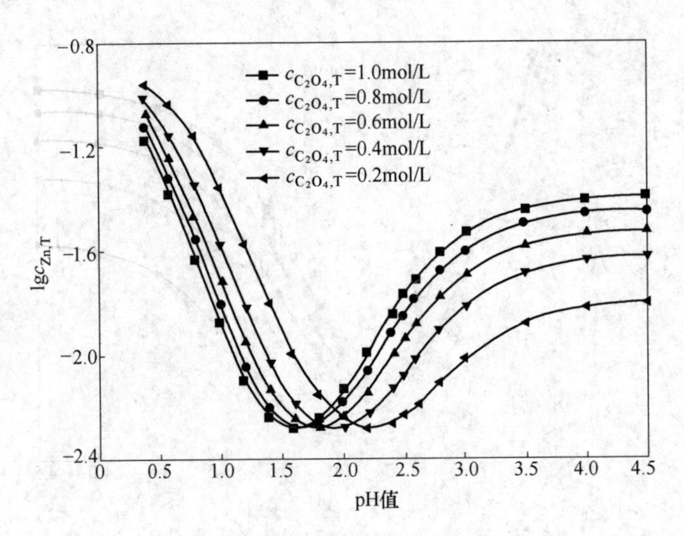

图 2-5 Zn^{2+}-$C_2O_4^{2-}$-Cl^--H_2O 系 $\lg c_{Zn,T}$-pH 曲线图（T=298K）

加而缓慢增长。同时从图中还可得出，在 pH 值较小时（低于2.5），溶液中 $c_{Mn,T}$ 随草酸总浓度 $c_{C_2O_4^{2-},T}$的增加而减少；而在 pH 值达到较大值后（高于2.5），$c_{Mn,T}$ 则随着 $c_{C_2O_4^{2-},T}$增加而增加。

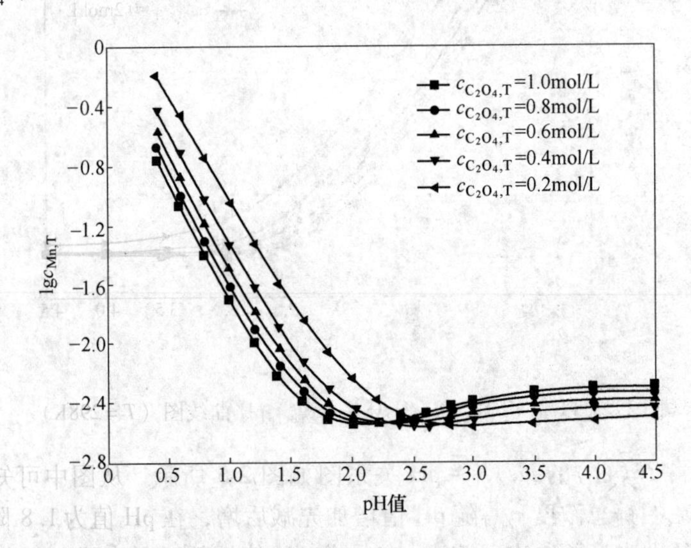

图 2-6 Mn^{2+}-$C_2O_4^{2-}$-Cl^--H_2O 系 $\lg c_{Mn,T}$-pH 曲线图（T=298K）

杂质金属 Fe(Ⅱ)的 $\lg c_{Fe,T}$ − pH 关系图如图 2-7 所示。从图中可知，当 pH 值小于3.0时，溶液中各种形式存在的铁总浓度 $c_{Fe,T}$随着 pH 值上升而减少；而当 pH 值大于3.0时，随着 pH 值增加，$c_{Fe,T}$不变。同时从图中还可得出，在 pH 值

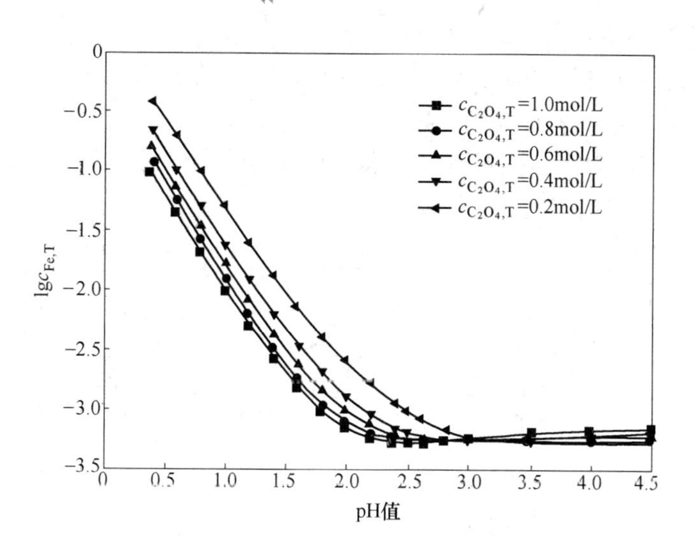

图 2-7 Fe^{2+}-$C_2O_4^{2-}$-Cl^--H_2O 系 $\lg c_{Fe,T}$-pH 曲线图（$T=298K$）

小于 3.0 时，随着草酸总浓度 $c_{C_2O_4^{2-},T}$增加，$c_{Fe,T}$减少；当 pH 值达到 3.0 后，Fe^{2+}总浓度随着 $c_{C_2O_4^{2-},T}$增加而几乎不变。

杂质金属 Ca(Ⅱ)的 $\lg c_{Ca,T}$-pH 关系图如图 2-8 所示。从图中可知，溶液中各种形式存在的钙总浓度 $c_{Ca,T}$随着 pH 值增加先减少而后不变。同时从图中还可得，在 pH 值低于 0.8 左右，溶液中 $c_{Ca,T}$随着草酸总浓度 $c_{C_2O_4^{2-},T}$的增加而下降；而在 pH 值为 0.8～3.5 的范围内时，$c_{Ca,T}$则随着 $c_{C_2O_4^{2-},T}$的增加而增加；在 pH 值大于

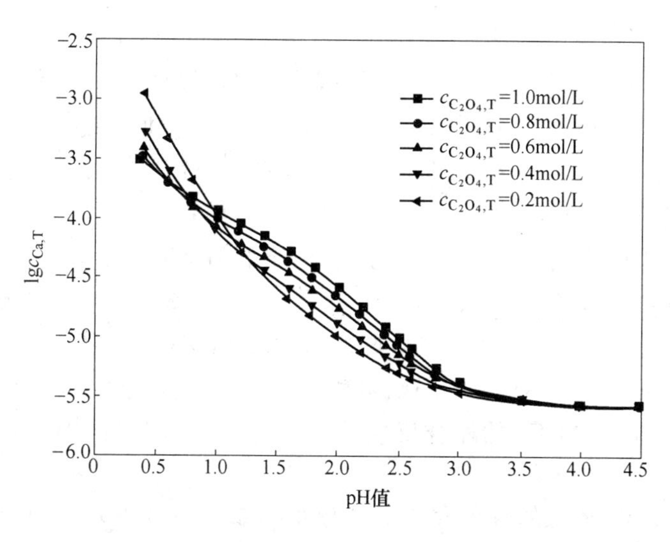

图 2-8 Ca^{2+}-$C_2O_4^{2-}$-Cl^--H_2O 系 $\lg c_{Ca,T}$-pH 曲线图（$T=298K$）

3.5 时，$c_{Ca,T}$则不随 $c_{C_2O_4^{2-},T}$的增加而变化。

杂质金属 Mg(Ⅱ)的 $\lg c_{Mg,T}$ - pH 关系图如图 2-9 所示。从图中可知，溶液中各种形式存在的镁总浓度 $c_{Mg,T}$随着 pH 值增加先减少而后不变。同时，在 pH 值低于2.5 时，溶液中 $c_{Mg,T}$随着草酸总浓度 $c_{C_2O_4^{2-},T}$的增加而减少；而在 pH 值大于2.5 时，随着 $c_{C_2O_4^{2-},T}$的增加，溶液中 $c_{Mg,T}$几乎不变。

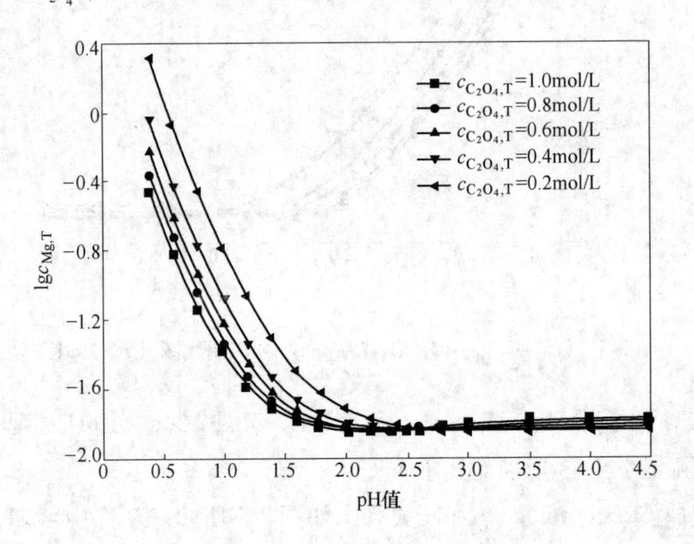

图 2-9 Mg^{2+}-$C_2O_4^{2-}$-Cl^--H_2O 系 $\lg c_{Mg,T}$-pH 曲线图（T=298K）

2.2.4 各金属在溶液中存在形式分析

为了分析 Me^{2+}-$C_2O_4^{2-}$-Cl^--H_2O 沉淀体系各金属在不同 pH 值下的存在形式，本书选定 $c_{Cl^-,T}$ = 2mol/L，$c_{C_2O_4^{2-},T}$ = 0.6mol/L，通过计算绘制了各金属存在形式分布图。其中 $Me_m(HC_2O_4)_n^{2m-n}$ 表示金属 Me 与 $HC_2O_4^-$ 形成的各种配合物，$Me_m(C_2O_4)_n^{2m-2n}$ 表示金属 Me 与 $C_2O_4^{2-}$ 形成的各种配合物，$Me_mCl_n^{2m-n}$ 表示金属 Me 与 Cl^-形成的各种配合物。

沉淀体系中金属钴的各种存在形式分布图如图 2-10 所示。由图可知，溶液中游离 Co^{2+} 和 $Co_mCl_n^{2m-n}$ 只在 pH 值小于1.5 时存在，且其比例随着 pH 值增加而下降；$Co_m(HC_2O_4)_n^{2m-n}$ 比例则随着 pH 值增加先增后降，在 pH 值为 0.8 左右达最大值；$Co_m(C_2O_4)_n^{2m-2n}$ 比例随着 pH 值上升快速增加。由于该沉淀体系 pH 值低，Co^{2+} 与 OH^- 的配合反应几乎不存在，没有与 OH^- 配合的钴存在形式。

沉淀体系中金属镍的各种存在形式分布图如图 2-11 所示。Ni^{2+} 所占比例随 pH 值增加而减少，而 $Ni_m(C_2O_4)_n^{2m-2n}$ 正好相反，其所占比例随着 pH 值增加而

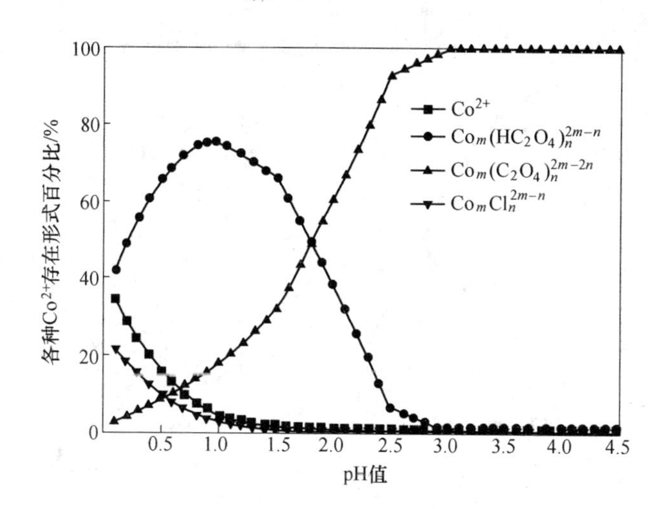

图 2-10 Co^{2+}-$C_2O_4^{2-}$-Cl^--H_2O 系 Co^{2+} 存在形式分布图（$T=298K$）

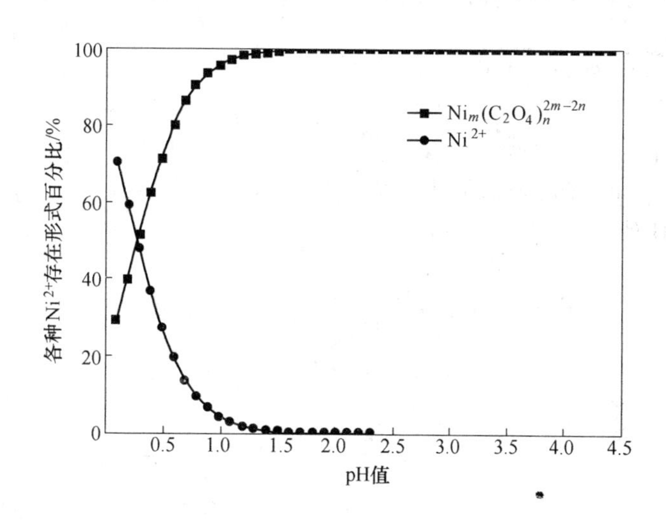

图 2-11 Ni^{2+}-$C_2O_4^{2-}$-Cl^--H_2O 系 Ni^{2+} 存在形式分布图（$T=298K$）

急剧增大。当 pH 值大于 1.5 时，溶液中金属镍接近 100% 以 $Ni_m(C_2O_4)_n^{2m-2n}$ 配合物形式存在。

沉淀体系中金属铜的各种存在形式分布图如图 2-12 所示。从图中可得，溶液中的金属铜主要以 $Cu_m(HC_2O_4)_n^{2m-n}$ 和 $Cu_m(C_2O_4)_n^{2m-2n}$ 两种形式存在，而游离态 Cu^{2+} 和 $Cu_mCl_n^{m-n}$ 仅在 pH 值小于 2.0 时有极低的比例。$Cu_m(HC_2O_4)_n^{2m-n}$ 所占比例随着 pH 值增加而下降，而 $Cu_m(C_2O_4)_n^{2m-2n}$ 比例则随着 pH 值的增加而增加。同时，在 pH 值低于 1.3 时，溶液中 Cu^{2+} 主要是以 $Cu_m(HC_2O_4)_n^{2m-n}$ 形式存在；而在 pH 值大于 1.3 时，则主要是以 $Cu_m(C_2O_4)_n^{2m-2n}$ 形式存在。

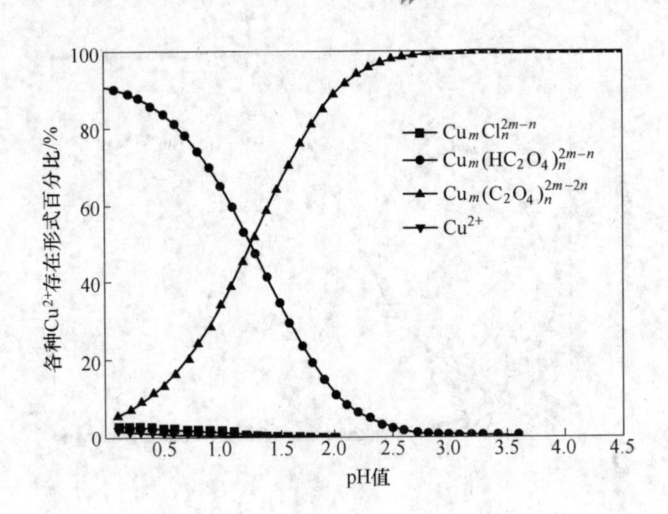

图 2-12 Cu^{2+}-$C_2O_4^{2-}$-Cl^--H_2O 系 Cu^{2+} 存在形式分布图（$T=298K$）

沉淀体系金属铅的各种存在形式分布图如图 2-13 所示。由图可知，溶液中的金属铅几乎仅以 $Pb_mCl_n^{2m-n}$、$Pb_m(C_2O_4)_n^{2m-2n}$ 两种形式存在。溶液中 $Pb_mCl_n^{2m-n}$ 比例随着 pH 值增加而下降，而 $Pb_m(C_2O_4)_n^{2m-2n}$ 比例则随着 pH 值增加而增加。同时从图中还可知，在 pH 值低于 3.0 时，溶液中 Pb^{2+} 主要是以 $Pb_mCl_n^{2m-n}$ 形式存在；而在 pH 值大于 3.0 时，则其主要是以 $Pb_m(C_2O_4)_n^{2m-2n}$ 形式存在。

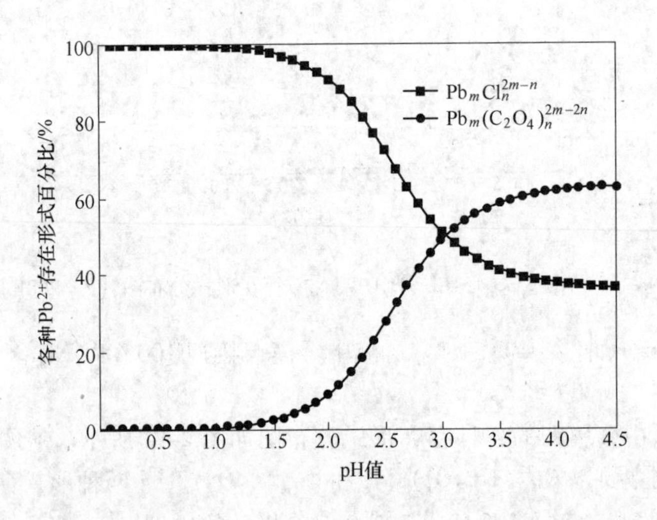

图 2-13 Pb^{2+}-$C_2O_4^{2-}$-Cl^--H_2O 系 Pb^{2+} 存在形式分布图（$T=298K$）

沉淀体系中金属锌的各种存在形式分布图如图 2-14 所示。从图中可得，游离 Zn^{2+} 比例很低，仅在 pH 值小于 2.0 时存在，其所占比例随 pH 值的升高而递

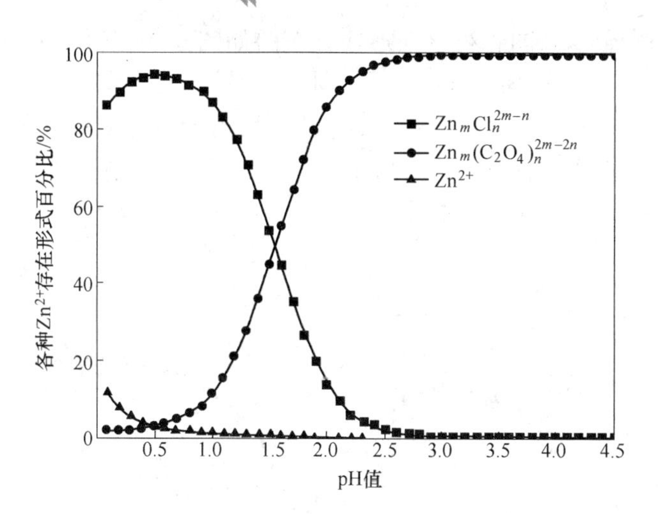

图 2-14 Zn^{2+}-$C_2O_4^{2-}$-Cl^--H_2O 系 Zn^{2+} 存在形式分布图（$T=298K$）

减。$Zn_m(C_2O_4)_n^{2m-2n}$ 比例随着 pH 值的增加而增加，$Zn_mCl_n^{m-n}$ 比例随 pH 值的增加而减小。同时，在 pH 值低于 1.6 时，溶液中 Zn^{2+} 主要以 $Zn_mCl_n^{2m-n}$ 态存在；而在 pH 值大于 1.6 时，则主要以 $Zn_m(C_2O_4)_n^{2m-2n}$ 态存在。

沉淀体系中金属锰的各种存在形式分布图如图 2-15 所示，与金属锌规律类似。游离 Mn^{2+} 比例很低，仅在 pH 值小于 3.0 时存在。$Mn_m(C_2O_4)_n^{2m-2n}$ 比例随着 pH 值的增加而增加，$Mn_mCl_n^{2m-n}$ 比例随 pH 值的增加而减小。同时从图中还可得出，当 pH 值低于 1.8 时，溶液中 Mn^{2+} 主要以 $Mn_mCl_n^{2m-n}$ 态存在；而当 pH 大于 1.8 时，溶液中 Mn^{2+} 则主要以 $Mn_m(C_2O_4)_n^{2m-2n}$ 态存在。

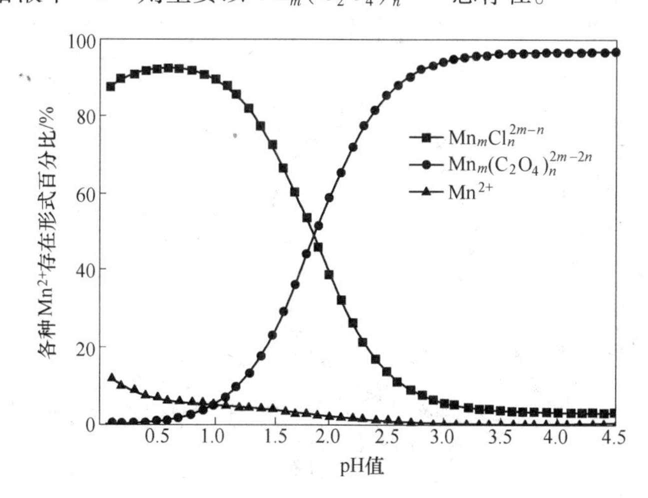

图 2-15 Mn^{2+}-$C_2O_4^{2-}$-Cl^--H_2O 系 Mn^{2+} 存在形式分布图（$T=298K$）

沉淀体系中金属铁的各种存在形式分布图如图 2-16 所示。从图中可得，溶液中的金属铁主要以游离态 Fe^{2+}、$Fe_mCl_n^{2m-n}$、$Fe_m(C_2O_4)_n^{2m-2n}$ 三种形式存在。$Fe_m(C_2O_4)_n^{2m-2n}$ 在 pH 值大于 0.5 时才存在，其比例随着 pH 值增加而增加；而 Fe^{2+}、$Fe_mCl_n^{2m-n}$ 则随着 pH 值的增加而下降。同时在 pH 值小于 2.3 时，溶液中 $Fe_mCl_n^{2m-n}$ 比例占优势；而在 pH 值大于 2.3 时，溶液中 $Fe_m(C_2O_4)_n^{2m-2n}$ 比例占优势。

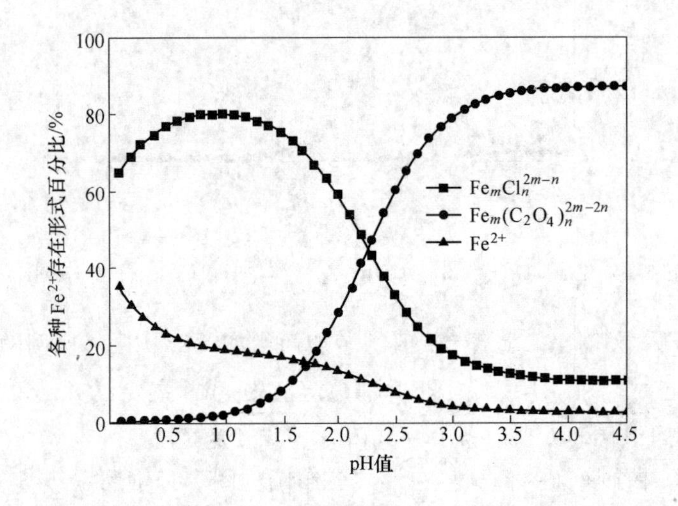

图 2-16 Fe^{2+}-$C_2O_4^{2-}$-Cl^--H_2O 系 Fe^{2+} 存在形式分布图（T=298K）

沉淀体系中金属钙的各种存在形式分布图如图 2-17 所示。从图中可得，溶液中的金属钙主要以游离态 Ca^{2+}、$Ca_m(HC_2O_4)_n^{2m-n}$、$Ca_m(C_2O_4)_n^{2m-2n}$ 三种形式存

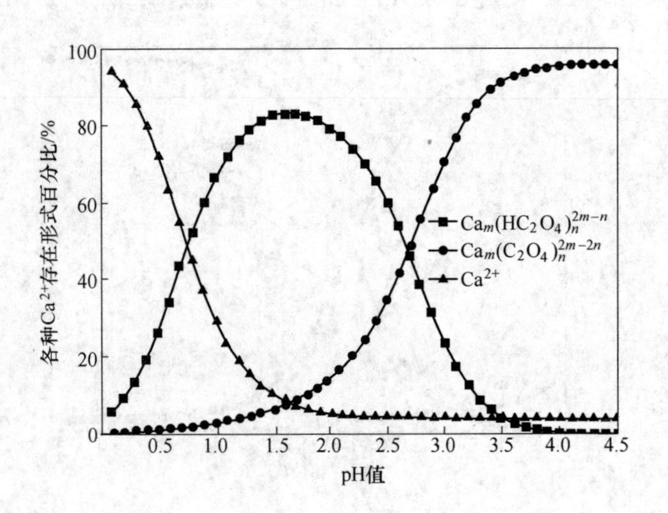

图 2-17 Ca^{2+}-$C_2O_4^{2-}$-Cl^--H_2O 系 Ca^{2+} 存在形式分布图（T=298K）

在。溶液中游离态 Ca^{2+} 比例随 pH 值的上升而急剧下降；$Ca_m(HC_2O_4)_n^{2m-n}$ 比例随着 pH 值的增加先增后降，在 pH 值为 1.8 附近达到极大值；$Ca_m(C_2O_4)_n^{2m-2n}$ 比例随着 pH 值增加而快速增大。同时从图中还可看出，在 pH 值低于 0.8 时，溶液中主要以游离 Ca^{2+} 形式存在；当 pH 值在 0.8 ~ 2.7 范围内时，主要以 $Ca_m(HC_2O_4)_n^{2m-n}$态存在；当 pH 值大于 2.7 时，主要以 $Ca_m(C_2O_4)_n^{2m-2n}$ 态存在。

沉淀体系中金属镁的各种存在形式分布图如图 2-18 所示。从图中可得，溶液中的镁仅以游离态 Mg^{2+} 和 $Mg_m(C_2O_4)_n^{2m-2n}$ 态存在。其中游离态 Mg^{2+} 比例随着 pH 值增加而下降；$Mg_m(C_2O_4)_n^{2m-2n}$ 比例随着 pH 值的增加而增加。在 pH 值低于 1.4 时，主要是以游离态 Mg^{2+} 形式存在；而在 pH 值大于 1.4 时，则其主要是以 $Mg_m(C_2O_4)_n^{2m-2n}$ 配合物形式存在。

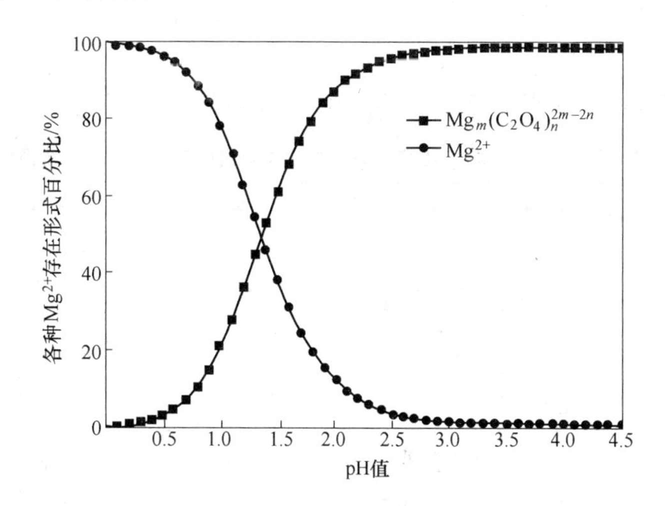

图 2-18 Mg^{2+}-$C_2O_4^{2-}$-Cl^--H_2O 系 Mg^{2+} 存在形式分布图（T = 298K）

2.2.5 各金属热力学行为分析比较

计算时设定 $c_{Cl,T}$ = 2.0mol/L，$c_{C_2O_4,T}$ = 0.6mol/L，对 Me^{2+}-$C_2O_4^{2-}$-Cl^--H_2O 体系中所含主金属及各种杂质金属进行计算分析，并作 $\lg c_{Me,T}$-pH 关系图（见图 2-19）。从图 2-19 可看出，金属杂质 Ca^{2+}、Ni^{2+}、Pb^{2+}、Cu^{2+} 要优先于主金属 Co^{2+} 生成沉淀；Mg^{2+} 只在 pH 值大于 2.5 时会比 Co^{2+} 先生成沉淀；而 Fe^{2+}、Mn^{2+} 和 Zn^{2+} 只在溶液 pH 值高于 1.0 时才会先于 Co^{2+} 生成沉淀。同时从图中还可看出，溶液中各金属离子都存在一个相对应的最大沉淀 pH 值范围。结合图 2-1 ~ 图 2-9，可以得出在固定 $c_{Cl,T}$ 为 2.0mol/L，调整不同 $c_{C_2O_4,T}$时，各金属离子最大沉淀 pH 值范围（见表 2-10）。因而，为保证钴的沉淀率和沉淀产物的品质，应严格控制这些杂质的含量，同时控制较低的沉淀终点 pH 值。

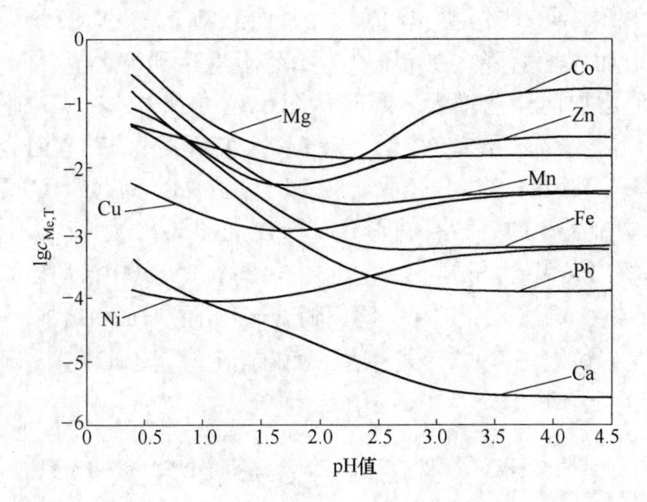

图 2-19 Me^{2+}-$C_2O_4^{2-}$-Cl^--H_2O 系 $\lg c_{Me,T}$-pH 曲线图（T=298K）

表 2-10 Me^{2+}-$C_2O_4^{2-}$-Cl^--H_2O 体系各金属最佳沉淀 pH 值范围

离子种类	$c_{C_2O_4,T}$=0.2mol/L	$c_{C_2O_4,T}$=0.4mol/L	$c_{C_2O_4,T}$=0.6mol/L	$c_{C_2O_4,T}$=0.8mol/L	$c_{C_2O_4,T}$=1.0mol/L
Co^{2+}	2.0~2.4	1.8~2.2	1.8~2.2	1.8~2.2	1.6~2.0
Ni^{2+}	1.2~1.6	1.0~1.4	1.0~1.4	0.8~1.2	0.8~1.2
Fe^{2+}	3.5~4.5	3.0~4.5	2.8~4.5	2.5~4.5	2.4~4.5
Zn^{2+}	2.0~2.4	1.8~2.2	1.6~2.0	1.4~1.8	1.4~1.8
Mn^{2+}	2.8~4.5	2.4~4.5	2.2~4.5	2.2~4.5	2.0~4.5
Ca^{2+}	3.5~4.5	3.5~4.5	3.5~4.5	3.5~4.5	3.5~4.5
Mg^{2+}	2.4~4.5	2.2~4.5	2.0~4.5	1.8~4.5	1.8~4.5
Cu^{2+}	1.8~2.2	1.6~2.0	1.6~2.0	1.4~1.8	1.4~1.8
Pb^{2+}	4.0~4.5	3.5~4.5	3.0~4.5	2.8~4.5	2.8~4.5

2.3 不同添加剂对沉淀体系的影响

2.3.1 热力学数据

Me^{2+}-$C_2O_4^{2-}$-Cl^--H_2O 体系本身是一类复杂的体系，其反应包括如表 2-1~表 2-9 所示的各类水解反应、沉淀反应和配合反应。当在该体系中分别加入柠檬酸、酒石酸、EDTA 等添加剂时，还会存在各类离子分别与添加剂的配合反应。溶液体系中各类离子与添加剂的配合反应方程式和平衡常数分别列于表2-11~表 2-13[104~108]。为方便表示，表 2-11~表 2-13 中以 L 代表配体。

表 2-11 溶液体系酒石酸可能参与的化学反应及其平衡常数（$T=298K$）

序 号	反 应	lg$K$
1	$H_2L = H^+ + HL^-$	-3.04
2	$HL^- = H^+ + L^{2-}$	-4.37
3	$Ca^{2+} + L^{2-} = Ca(L)^0$	2.98
4	$Ca^{2+} + 2L^{2-} = Ca(L)_2^{2-}$	9.01
5	$Co^{2+} + L^{2-} = Co(L)^0$	2.1
6	$Cu^{2+} + L^{2-} = Cu(L)^0$	3.2
7	$Cu^{2+} + 2L^{2-} = Cu(L)_2^{2-}$	5.11
8	$Cu^{2+} + 3L^{2-} = Cu(L)_3^{4-}$	4.78
9	$Mg^{2+} + 2L^{2-} = Mg(L)_2^{2-}$	1.36
10	$Pb^{2+} + L^{2-} = Pb(L)^0$	3.78
11	$Pb^{2+} + 3L^{2-} = Pb(L)_3^{4-}$	4.7
12	$Zn^{2+} + L^{2-} = Zn(L)^0$	2.68
13	$Zn^{2+} + 2L^{2-} = Zn(L)_2^{2-}$	8.32

表 2-12 溶液体系 EDTA 可能参与的化学反应及其平衡常数（$T=298K$）

序 号	反 应	lg$K$
1	$H_2L = H^+ + HL^-$	-1.99
2	$HL^- = H^+ + L^{2-}$	-2.67
3	$Ca^{2+} + L^{2-} = Ca(L)^0$	8.43
4	$Co^{2+} + L^{2-} = Co(L)^0$	14.4
5	$Cu^{2+} + L^{2-} = Cu(L)^0$	17.4
6	$Fe^{2+} + L^{2-} = Fe(L)^0$	11.6
7	$Mg^{2+} + L^{2-} = Mg(L)^0$	5.78
8	$Mn^{2+} + L^{2-} = Mn(L)^0$	10.7
9	$Pb^{2+} + L^{2-} = Pb(L)^0$	15.5
10	$Zn^{2+} + L^{2-} = Zn(L)^0$	14.5
11	$Ni^{2+} + L^{2-} = Ni(L)^0$	17.0

表 2-13　溶液体系柠檬酸可能参与的化学反应及其平衡常数（T = 298K）

序　号	反　应	lg$K$
1	$H_3L = H^+ + H_2L^-$	-3.13
2	$H_2L^- = H^+ + HL^{2-}$	-4.76
3	$HL^{2-} = H^+ + L^{3-}$	-6.4
4	$Ca^{2+} + HL^{2-} = Ca(HL)^0$	4.68
5	$Co^{2+} + HL^{2-} = Co(HL)^0$	4.8
6	$Co^{2+} + L^{3-} = Co(L)^-$	12.5
7	$Cu^{2+} + HL^{2-} = Cu(HL)^0$	4.35
8	$Cu^{2+} + L^{3-} = Cu(L)^-$	14.2
9	$Fe^{2+} + HL^{2-} = Fe(HL)^0$	3.08
10	$Fe^{2+} + L^{3-} = Fe(L)^-$	15.5
11	$Mg^{2+} + HL^{2-} = Mg(HL)^0$	3.29
12	$Mn^{2+} + HL^{2-} = Mn(HL)^0$	3.67
13	$Ni^{2+} + HL^{2-} = Ni(HL)^0$	5.11
14	$Ni^{2+} + L^{3-} = Ni(L)^-$	14.3
15	$Pb^{2+} + HL^{2-} = Pb(HL)^0$	6.5
16	$Zn^{2+} + HL^{2-} = Zn(HL)^0$	4.17
17	$Zn^{2+} + L^{3-} = Zn(L)^-$	11.4

2.3.2　热力学分析及结果讨论

Co^{2+}-$C_2O_4^{2-}$-Cl^--H_2O 体系中分别以柠檬酸（$C_6H_8O_7$）、酒石酸（$C_4H_6O_6$）和 EDTA 为添加剂，计算各离子总浓度热力学模型的原理与 2.2 节相同。在固定 $c_{Cl,T}$为 2.0mol/L、$c_{C_2O_4,T}$为 0.6mol/L，酒石酸、柠檬酸、EDTA 分别各为0.1mol/L 的条件下，分别对根据体系推导出的方程式，通过计算机编写相应程序进行求解，得到 lg$c_{Me,T}$与 pH 值关系图，所得结果如图 2-20 ~ 图 2-28 所示。

（1）在 Co^{2+}-$C_2O_4^{2-}$-Cl^--H_2O 溶液体系加柠檬酸时，与没加任何添加剂时的溶液体系相比，其对溶液体系中各金属离子有一定的影响。对主金属 Co^{2+} 来说，在 pH 值小于 1.0 的范围内，柠檬酸使 $c_{Co,T}$增加，而在 pH 值大于 1.0 时则对 $c_{Co,T}$

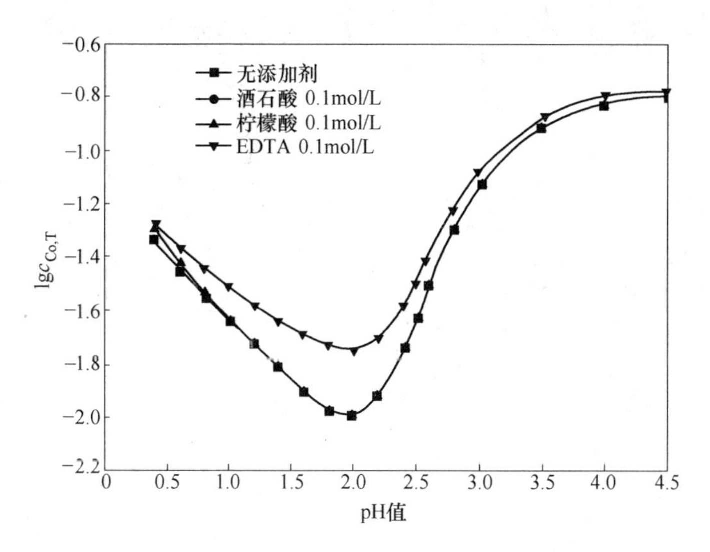

图 2-20 不同添加剂时 Me^{2+}-$C_2O_4^{2-}$-Cl^--H_2O 系 $\lg c_{Co,T}$-pH 曲线图（$T=298K$）

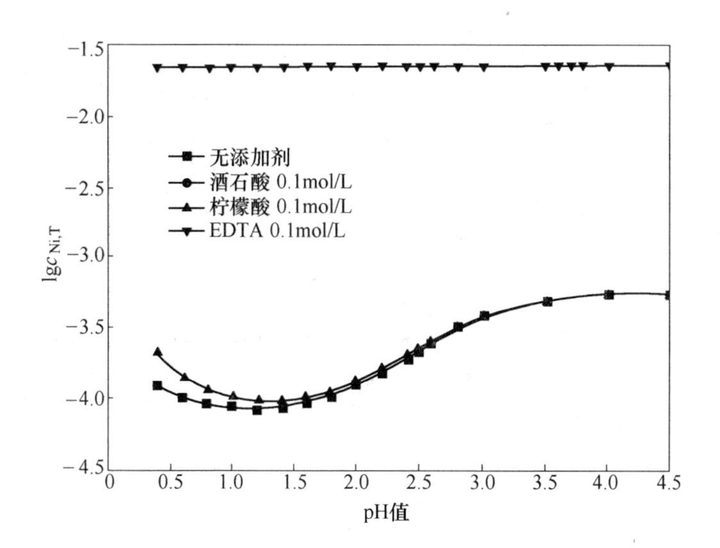

图 2-21 不同添加剂时 Me^{2+}-$C_2O_4^{2-}$-Cl^--H_2O 系 $\lg c_{Ni,T}$-pH 曲线图（$T=298K$）

无影响；对于体系存在的金属杂质 Ni^{2+} 和 Ca^{2+}，加入柠檬酸使 $c_{Ni,T}$ 和 $c_{Ca,T}$ 分别在 pH 值小于 2.5 的范围内和 pH 值小于 1.4 的范围内增加，而之后随着 pH 值的增加，加入柠檬酸分别对 $c_{Ni^{2+},T}$ 和 $c_{Ca,T}$ 没有影响；而在整个考察的 pH 值范围内加入柠檬酸，由于其与亚铁离子的配合，溶液中金属杂质 $c_{Fe,T}$ 增加；对金属杂质 Zn^{2+}、Mn^{2+}、Mg^{2+}、Cu^{2+} 和 Pb^{2+} 而言，由于 Zn^{2+}、Mn^{2+}、Mg^{2+}、Cu^{2+} 和 Pb^{2+} 分别与柠檬酸形成的配合物所占溶液中对应金属离子总浓度的比例很少，加入柠

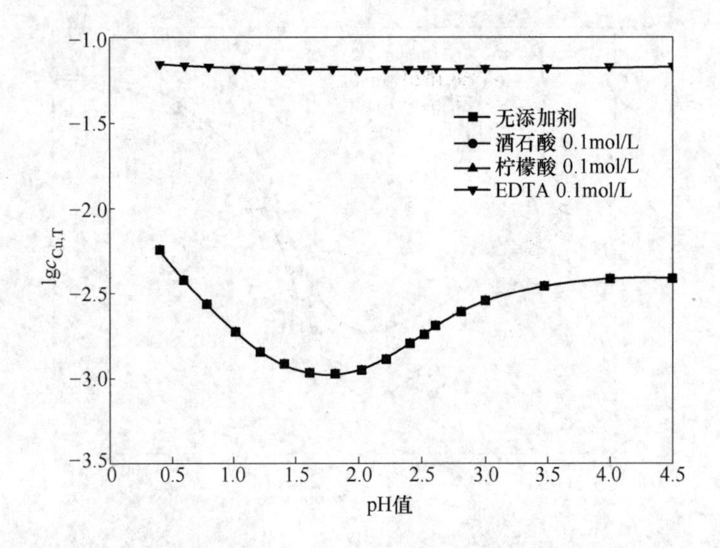

图 2-22 不同添加剂时 Me^{2+}-$C_2O_4^{2-}$-Cl^--H_2O 系 $\lg c_{Cu,T}$-pH 曲线图（$T=298K$）

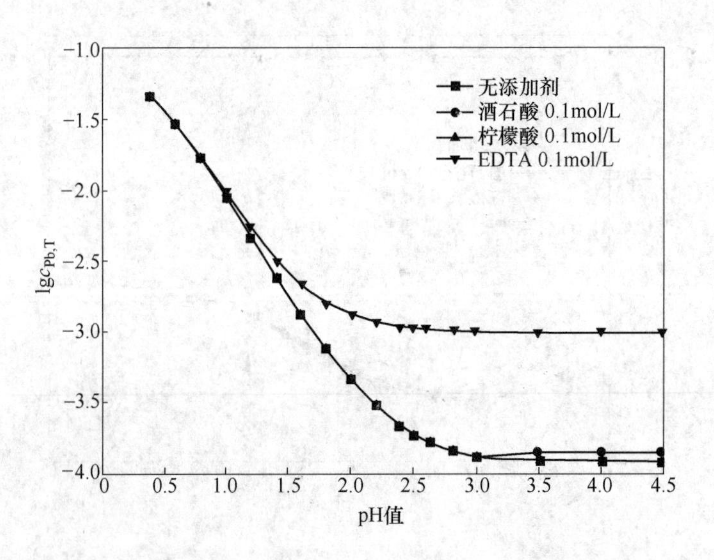

图 2-23 不同添加剂时 Me^{2+}-$C_2O_4^{2-}$-Cl^--H_2O 系 $\lg c_{Pb,T}$-pH 曲线图（$T=298K$）

檬酸对 $c_{Zn,T}$、$c_{Mn,T}$、$c_{Mg,T}$、$c_{Cu,T}$和 $c_{Pb,T}$的变化没有影响。

（2）在 Co^{2+}-$C_2O_4^{2-}$-Cl^--H_2O 溶液体系加酒石酸，与没加任何添加剂时的溶液体系相比，溶液中主金属 Co^{2+} 总浓度及金属杂质 Ni^{2+}、Fe^{2+}、Mn^{2+}、Cu^{2+} 总浓度随 pH 值的变化不受酒石酸的影响；而对于金属杂质 Zn^{2+}、Mg^{2+} 和 Pb^{2+} 来说，加入酒石酸使溶液中金属杂质 $c_{Zn,T}$、$c_{Mg,T}$ 和 $c_{Pb,T}$ 分别在 pH 值大于 2.7 的范

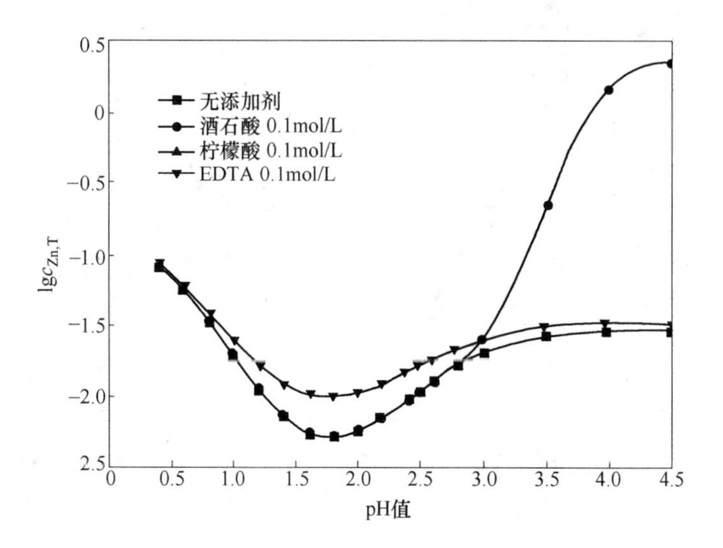

图 2-24 不同添加剂时 Me^{2+}-$C_2O_4^{2-}$-Cl^--H_2O 系 $\lg c_{Zn,T}$-pH 曲线图（$T=298K$）

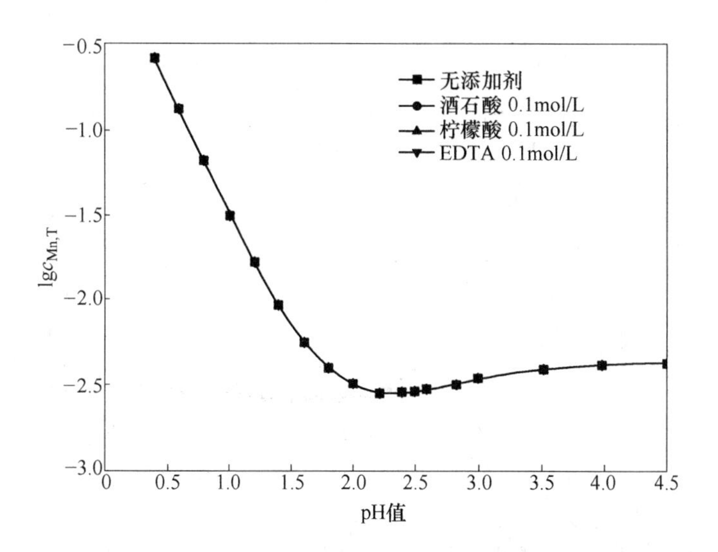

图 2-25 不同添加剂时 Me^{2+}-$C_2O_4^{2-}$-Cl^--H_2O 系 $\lg c_{Mn,T}$-pH 曲线图（$T=298K$）

围内，pH 值大于 2.0 的范围内和 pH 值大于 3.5 的范围内增加，而在考察的其他 pH 值范围内，加入酒石酸则分别对 $c_{Zn,T}$、$c_{Mg,T}$和 $c_{Pb,T}$没有影响。

（3）在 Co^{2+}-$C_2O_4^{2-}$-Cl^--H_2O 溶液体系加 EDTA，由于 EDTA 与大多数金属离子存在配合反应，其对溶液中各离子总浓度随 pH 值的变化关系有很大影响。与不加任何添加剂时的溶液体系中各金属离子相比，加入 EDTA 对溶

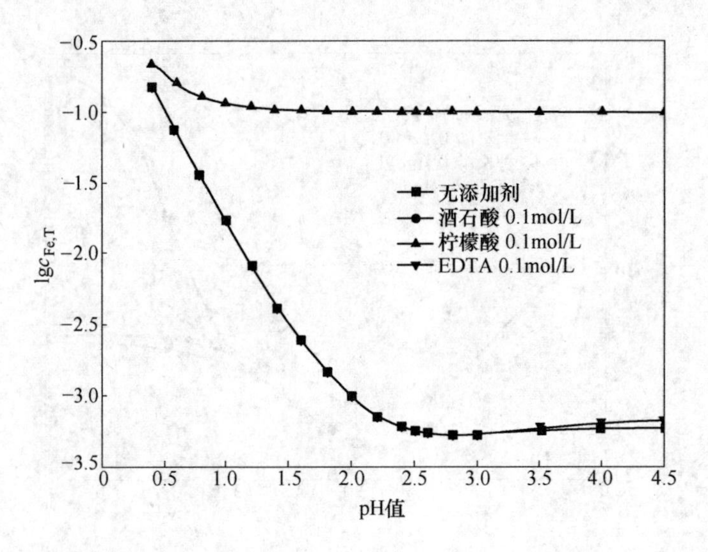

图 2-26 不同添加剂时 Me^{2+}-$C_2O_4^{2-}$-Cl^--H_2O 系 $\lg c_{Fe,T}$-pH 曲线图（T=298K）

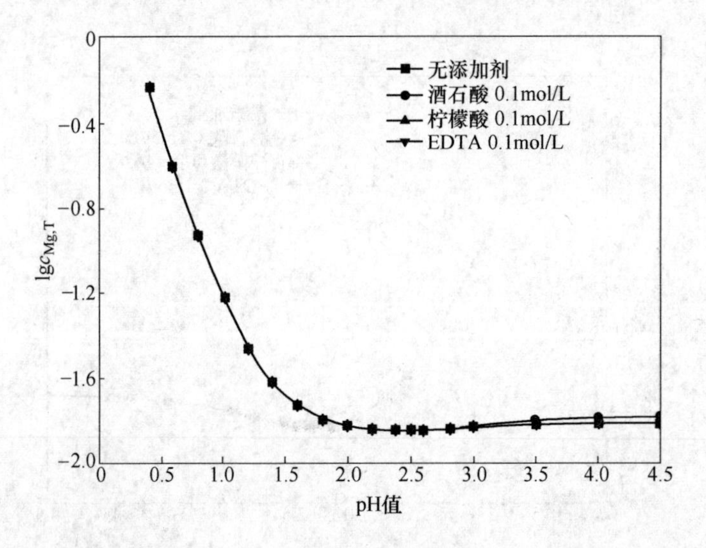

图 2-27 不同添加剂时 Me^{2+}-$C_2O_4^{2-}$-Cl^--H_2O 系 $\lg c_{Mg,T}$-pH 曲线图（T=298K）

液中的金属杂质 $c_{Mn,T}$、$c_{Ca,T}$、$c_{Mg,T}$的变化没有影响；对于主金属 Co^{2+}和金属杂质 Pb^{2+}、Zn^{2+}来说，加入 EDTA 分别使 $c_{Co,T}$、$c_{Pb,T}$和 $c_{Zn,T}$在整个考察的 pH 值范围内有所增加；而对金属杂质 Fe^{2+}，只有在溶液 pH 值大于 3.5 时，加入 EDTA 才使 $c_{Fe,T}$有极少量的增加；溶液中的金属杂质 Ni^{2+}和 Cu^{2+}，由于它们几乎全部分别以与 EDTA 的配合态存在，溶液的 $c_{Ni,T}$、$c_{Cu,T}$增加很大，且随 pH 值的增加而变化很少。

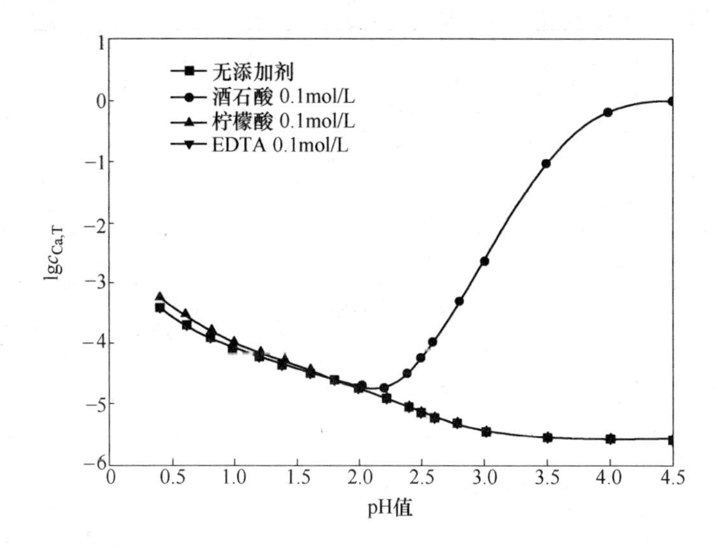

图 2-28 不同添加剂时 Me^{2+}-$C_2O_4^{2-}$-Cl^--H_2O 系 $\lg c_{Ca,T}$-pH 曲线图（$T=298K$）

2.4 不同钴盐-草酸体系热力学分析

2.4.1 热力学数据

常见的可溶性钴盐有氯化钴、硝酸钴、硫酸钴、醋酸钴等，这些不同钴盐与草酸组成的体系很复杂，反应包括如表 2-1 所示各类离子的水解反应、钴及金属杂质离子生成草酸盐的沉淀反应、钴及各种金属杂质离子与 $C_2O_4^{2-}$、$HC_2O_4^-$ 的配合反应。2.2 节已对氯化钴与草酸组成的体系热力学进行了分析，本节将对硝酸钴、硫酸钴和醋酸钴三类钴盐分别与草酸组成的溶液体系进行热力学分析，并与氯化钴与草酸组成的体系进行对比研究。表 2-14 ~ 表 2-16 分别列出了各类钴盐-草酸体系中所含离子与钴盐阴离子的配合反应方程式和平衡常数，以及各类钴盐所对应酸的电离方程和电离平衡常数[104~108]。

表 2-14 醋酸盐体系可能存在的化学反应及其平衡常数（$T=298K$）

序 号	反 应	$\lg K$
1	$H_2Ac = H^+ + HAc^-$	-4.76
2	$HAc^- = H^+ + Ac^{2-}$	-11.29
3	$Ca^{2+} + Ac^{2-} = Ca(Ac)^0$	0.6
4	$Co^{2+} + Ac^{2-} = Co(Ac)^0$	1.5

续表 2-14

序 号	反 应	lgK
5	$Co^{2+}+2Ac^{2-}=Co(Ac)_2^{2-}$	1.9
6	$Cu^{2+}+Ac^{2-}=Cu(Ac)^0$	2.16
7	$Cu^{2+}+2Ac^{2-}=Cu(Ac)_2^{2-}$	3.2
8	$Fe^{2+}+Ac^{2-}=Fe(Ac)^0$	3.2
9	$Fe^{2+}+2Ac^{2-}=Fe(Ac)_2^{2-}$	6.1
10	$Fe^{2+}+3Ac^{2-}=Fe(Ac)_3^{4-}$	8.3
11	$Mg^{2+}+Ac^{2-}=Mg(Ac)^0$	0.8
12	$Mn^{2+}+Ac^{2-}=Mn(Ac)^0$	9.84
13	$Mn^{2+}+2Ac^{2-}=Mn(Ac)_2^{2-}$	2.06
14	$Ni^{2+}+Ac^{2-}=Ni(Ac)^0$	1.12
15	$Ni^{2+}+2Ac^{2-}=Ni(Ac)_2^{2-}$	1.81
16	$Pb^{2+}+Ac^{2-}=Pb(Ac)^0$	2.52
17	$Pb^{2+}+2Ac^{2-}=Pb(Ac)_2^{2-}$	4.0
18	$Pb^{2+}+3Ac^{2-}=Pb(Ac)_3^{4-}$	6.4
19	$Pb^{2+}+4Ac^{2-}=Pb(Ac)_4^{6-}$	8.5
20	$Zn^{2+}+Ac^{2-}=Zn(Ac)^0$	1.5

表 2-15 硫酸盐体系可能存在的化学反应及其平衡常数($T=298K$)

序 号	反 应	lgK
1	$H_2SO_4=H^++HSO_4^-$	3
2	$HSO_4^-=H^++SO_4^{2-}$	-1.92
3	$Ni^{2+}+SO_4^{2-}=NiSO_4^0$	2.4
4	$Ca^{2+}+SO_4^{2-}=CaSO_4(s)$	4.31
5	$Pb^{2+}+SO_4^{2-}=PbSO_4(s)$	7.6

表 2-16 硝酸盐体系可能存在的化学反应及其平衡常数($T=298K$)

序 号	反 应	lgK
1	$Ca^{2+}+NO_3^-=Ca(NO_3)^+$	0.28
2	$Pb^{2+}+NO_3^-=Pb(NO_3)^+$	1.18

2.4.2 热力学分析及结果讨论

硝酸钴-草酸体系、硫酸钴-草酸体系和醋酸钴-草酸体系中计算各离子总浓度热力学模型的原理与2.2节相同。分别对根据体系推导出的方程式，通过计算机编写相应程序进行求解，得到 $\lg c_{Me,T}$ 与 pH 值关系图，并与氯化钴-草酸体系进行比较，所得结果如图2-29～图2-37所示。

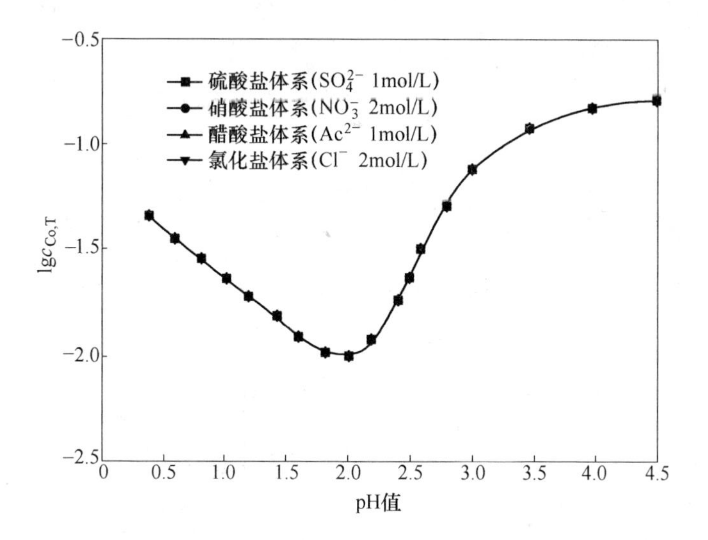

图2-29 不同钴盐溶液体系 $\lg c_{Co,T}$-pH 曲线图（T=298K）

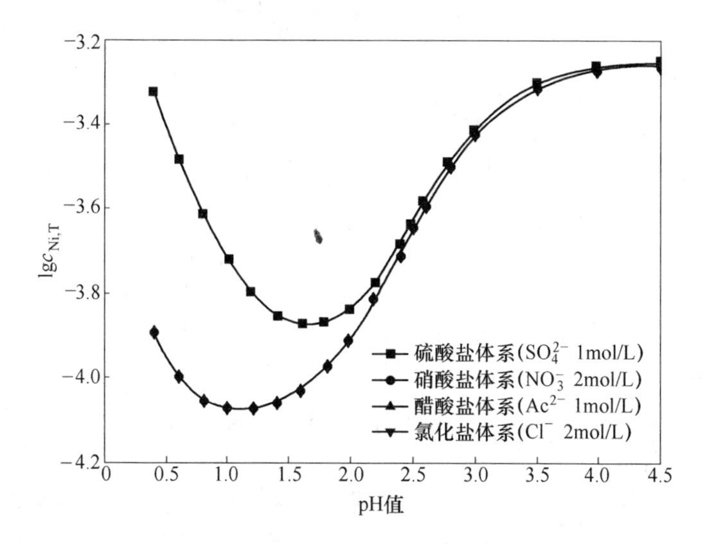

图2-30 不同钴盐溶液体系 $\lg c_{Ni,T}$-pH 曲线图（T=298K）

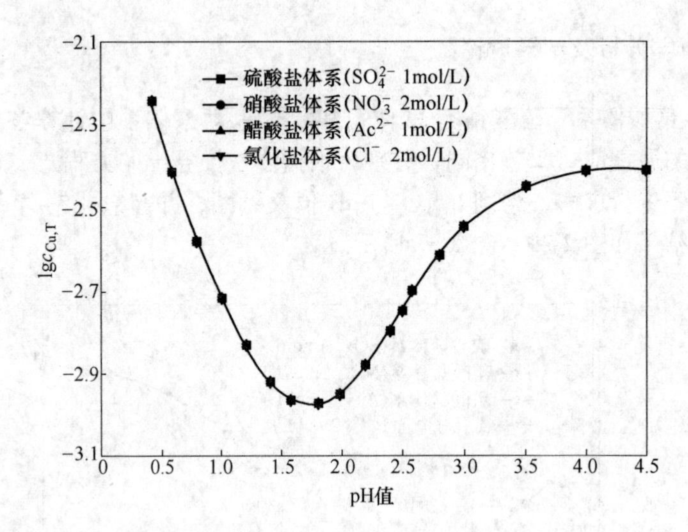

图 2-31　不同钴盐溶液体系 $\lg c_{Cu,T}$-pH 曲线图（$T=298K$）

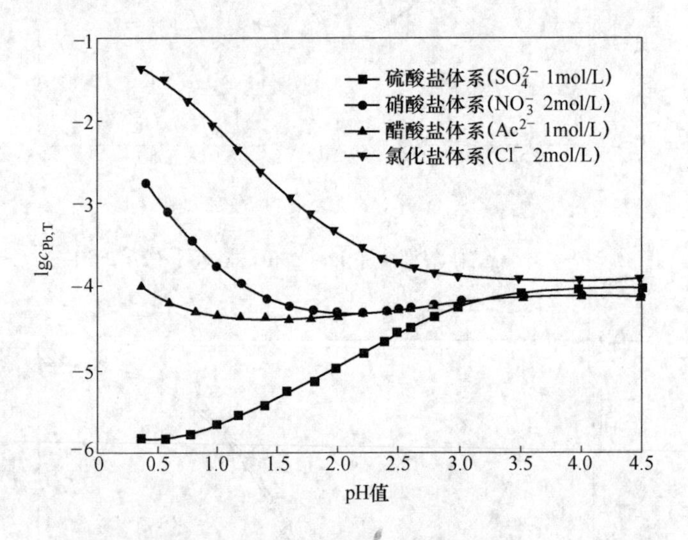

图 2-32　不同钴盐溶液体系 $\lg c_{Pb,T}$-pH 曲线图（$T=298K$）

图 2-29 ~ 图 2-37 分别是在不同钴盐与草酸组成的溶液体系中，在固定 $c_{C_2O_4,T}$ 为 0.6mol/L，c_{Cl^-}、$c_{SO_4^{2-}}$、$c_{NO_3^-}$、$c_{Ac^{2-}}$ 分别各为 2mol/L、1mol/L、2mol/L、1mol/L 的条件下，钴及各金属杂质离子的 $\lg c_{Me,T}$-pH 关系图。分析图 2-29 ~ 图 2-37 中各曲线，可以得到如下的规律：

（1）对于主金属 Co^{2+} 而言，$c_{Co,T}$ 分别在硫酸盐、硝酸盐、醋酸盐中随 pH 值的变化关系相同，且与其在氯化盐中也相同，都是先随 pH 值的增加而减少，后随 pH 值的增加而增加。

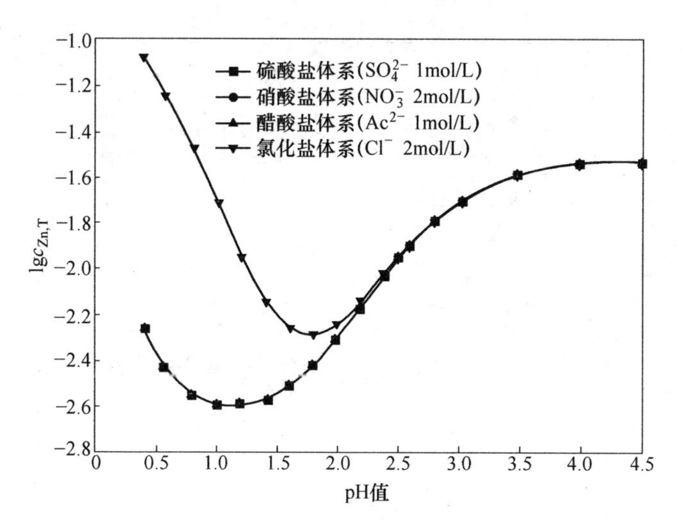

图 2-33 不同钴盐溶液体系 $\lg c_{Zn,T}$-pH 曲线图（$T=298$K）

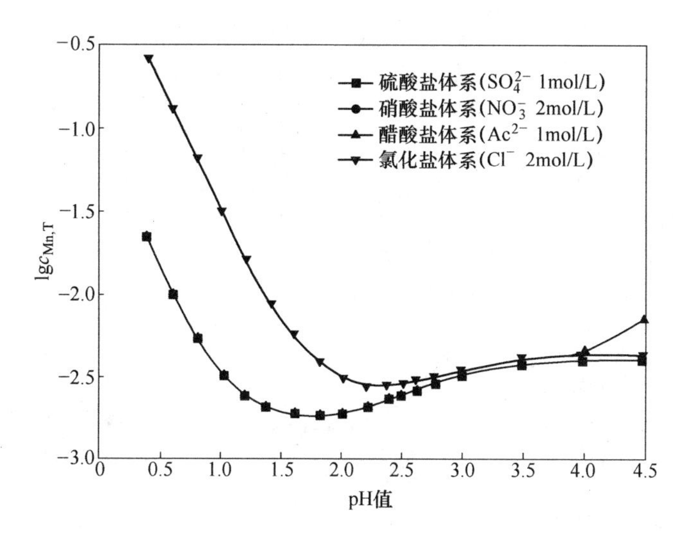

图 2-34 不同钴盐溶液体系 $\lg c_{Mn,T}$-pH 曲线图（$T=298$K）

（2）对于溶液体系中存在的各种金属杂质离子来说，不同钴盐溶液体系中的不同离子总浓度随 pH 值的变化关系各不一样。对金属杂质 Ni^{2+} 来说，其分别在醋酸盐、硝酸盐中的总浓度与在氯化盐中相同；而在硫酸盐中，由于 Ni^{2+} 与硫酸根的配合反应，$c_{Ni,T}$大于其在氯化盐中的总浓度。对 Fe^{2+} 而言，Fe^{2+} 分别在硝酸盐、硫酸盐和醋酸盐三类盐中的总浓度相同，且低于在氯化盐中的总浓度。对 Zn^{2+} 而言，其分别在硫酸盐、醋酸盐和硝酸盐体系中的总浓度相同，且在 pH 值小于 2.5 时，低于其在氯化盐中的总浓度，而在 pH 值大于 2.5 时则相同。对

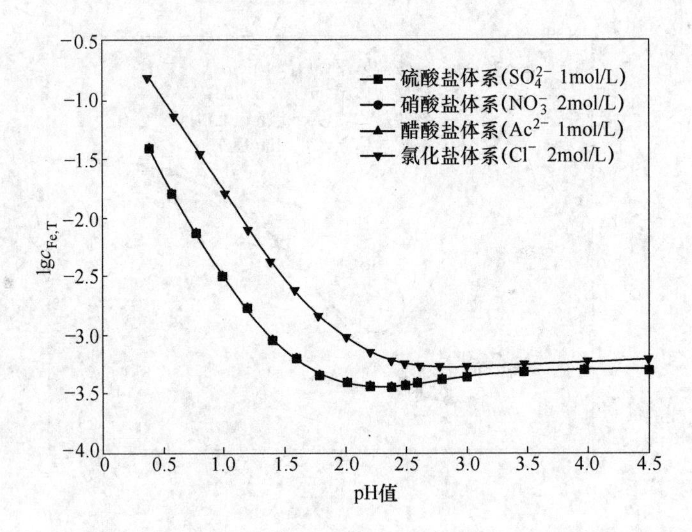

图 2-35 不同钴盐溶液体系 $\lg c_{\mathrm{Fe,T}}$-pH 曲线图（$T=298\mathrm{K}$）

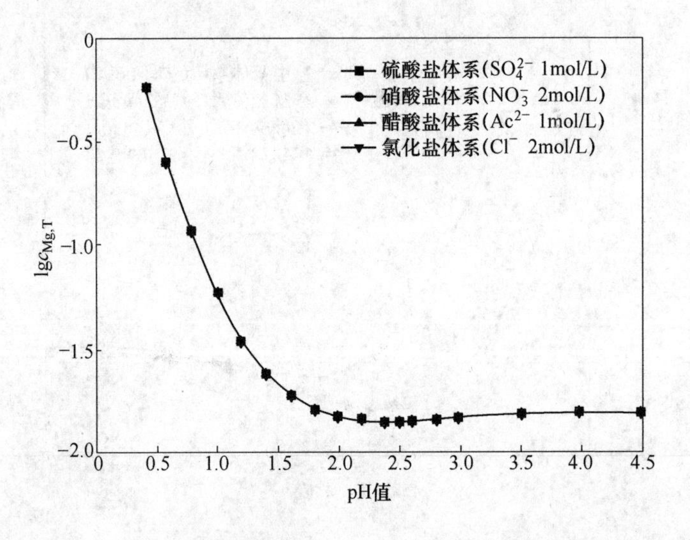

图 2-36 不同钴盐溶液体系 $\lg c_{\mathrm{Mg,T}}$-pH 曲线图（$T=298\mathrm{K}$）

Mn^{2+}而言，其分别在硫酸盐和硝酸盐体系中的总浓度相同，但都低于在氯化盐中的总浓度；而在醋酸盐中，在 pH 值小于 3.5 时，$c_{\mathrm{Mn,T}}$与其在硫酸盐和硝酸盐中相同，在 pH 值大于 3.5 时，则高于在硫酸盐和硝酸盐中的总浓度，也高于其在氯化盐中的总浓度。对 Ca^{2+} 而言，其在硝酸盐中的总浓度高于在氯化盐中的总浓度，而其分别在硫酸盐和醋酸盐中的总浓度与在氯化盐中的总浓度相同，且在硫酸盐中，Ca^{2+} 在整个考察的 pH 值范围内生成的沉淀是草酸钙，而无硫酸钙沉淀生成。而对于 Mg^{2+} 和 Cu^{2+} 来说，它们分别在硫酸盐、硝酸盐和醋酸盐中的

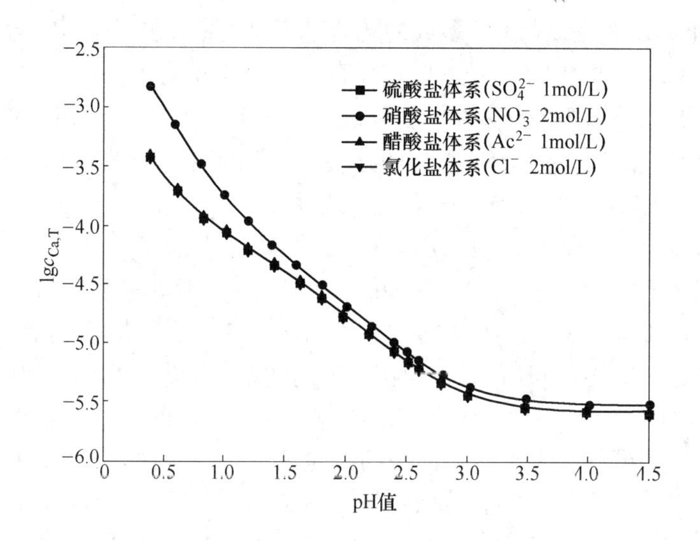

图 2-37 不同钴盐溶液体系 $\lg c_{Ca,T}$-pH 曲线图（$T=298$K）

总浓度与其在氯化盐中的总浓度相同。对 Pb^{2+} 而言，铅在醋酸盐中的总浓度在 pH 值小于 2.5 时要高于其在硝酸盐中的总浓度，而在 pH 值大于 2.5 时则相同，且铅在这两类盐中的总浓度都要低于其在氯化盐的总浓度；在硫酸盐体系中，由于生成硫酸铅沉淀，溶液中 $c_{Pb,T}$ 要比在氯化盐中的低，且在 pH 值小于 3.0 时，$c_{Pb,T}$ 低于在硝酸盐和醋酸盐中的总浓度，而在 pH 值大于 3.0 时，则高于硫酸盐和醋酸盐中的总浓度。

2.5 本章小结

综上所述，在无氨草酸沉淀体系中，沉淀体系热力学平衡过程是主金属离子和体系中所含杂质离子的一种复杂竞争动态平衡过程，各杂质金属离子对主金属钴离子的沉淀有较大的影响，各离子的沉淀率及其各种存在形式的分布状态取决于各离子沉淀平衡常数、初始浓度、溶解平衡常数和配合平衡常数等参数之间的相互关系。为了获得品质优良、杂质含量低的草酸钴产品，必须从沉淀体系即原料上予以保证。通过以上对沉淀体系的热力学平衡分析，可得到如下结论。

（1）在 Me^{2+}-$C_2O_4^{2-}$-Cl^--H_2O 体系中，主金属离子 Co^{2+} 总浓度，以及杂质金属离子 Zn^{2+}、Mn^{2+}、Cu^{2+} 和 Ni^{2+} 的总浓度分别与 pH 值变化的关系相同，都是随 pH 值的增加先减后增；而 Mg^{2+}、Fe^{2+}、Pb^{2+} 和 Ca^{2+} 的总浓度分别与 pH 值的变化的关系也一样，随着 pH 的增加，其总浓度先减少而后保持不变。

（2）在 Me^{2+}-$C_2O_4^{2-}$-Cl^--H_2O 体系中，主金属 Co^{2+} 和杂质 Cu^{2+} 在低 pH 值条件下主要是以与 $HC_2O_4^-$ 形成的配合态形式存在，而在较高 pH 值条件下，则以与 $C_2O_4^{2-}$ 形成的配合态存在形式为主；金属杂质 Fe^{2+}、Zn^{2+}、Mn^{2+} 和 Pb^{2+} 在低

pH 值条件下，主要是以与 Cl^- 形成的配合态形式存在，而在较高 pH 值条件下，则主要以与 $C_2O_4^{2-}$ 形成的配合态形式存在；溶液中的杂质 Ni^{2+} 和 Mg^{2+} 在低 pH 值条件下主要以游离态形式存在，在较高 pH 值条件下主要以与 $C_2O_4^{2-}$ 形成的配合物形式存在。溶液中的杂质 Ca^{2+} 的存在形式较复杂，既有自由态形式，也有分别与 $C_2O_4^{2-}$ 和 $HC_2O_4^-$ 形成的配合物形式存在。

(3) 在 Me^{2+}-$C_2O_4^{2-}$-Cl^--H_2O 体系中，杂质 Ca^{2+}、Ni^{2+}、Pb^{2+}、Cu^{2+} 总会先于 Co^{2+} 生成沉淀，而 Mg^{2+}、Fe^{2+}、Mn^{2+} 和 Zn^{2+} 类杂质离子只在 pH 值较高的情况下先于 Co^{2+} 形成沉淀。因此在草酸钴的生产过程中，应尽量控制这些杂质的含量和较低的沉淀终点 pH 值，以保证获得高的钴沉淀率和高的沉淀产物品质。

(4) 在 Me^{2+}-$C_2O_4^{2-}$-Cl^--H_2O 溶液体系分别以柠檬酸、酒石酸和 EDTA 为添加剂，其中柠檬酸和 EDTA 对溶液中的主金属 $[Co]_T$ 有影响，使其增加，而酒石酸对溶液中的主金属 $[Co]_T$ 基本没有影响。当在溶液中加入柠檬酸时，其对大部分金属杂质离子总浓度的变化没有影响，只是在 pH 值较低的条件下使少数金属杂质离子的总浓度增加。当在溶液中加入酒石酸作为添加剂时，其只在 pH 较高的条件下分别使 Zn^{2+}、Mg^{2+} 和 Pb^{2+} 杂质的总浓度增加，而对溶液中其他金属杂质离子总浓度的变化无影响。当在溶液中加入 EDTA 为添加剂时，其使溶液中的金属杂质 $[Pb]_T$、$[Zn]_T$、$[Ni]_T$、$[Cu]_T$ 增加，且在 pH 较高时使 $[Fe]_T$ 增加，而对金属杂质 $[Mn]_T$、$[Ca]_T$、$[Mg]_T$ 的变化没有影响。

(5) 各金属离子分别在硫酸盐、硝酸盐、醋酸盐及氯化盐中的总浓度随 pH 值的变化有所不同。对于主金属 Co^{2+} 来说，其分别在四类盐中的总浓度相同，在整个考察的 pH 范围内，各类钴盐阴离子与溶液中的 Co^{2+} 几乎无配合作用。而对金属杂质 Mg^{2+} 和 Cu^{2+} 而言，其分别在四类盐中的总浓度相同；金属杂质 Fe^{2+} 和 Zn^{2+} 在硫酸盐、硝酸盐和醋酸盐三类盐中的总浓度相同，且都小于其在氯化盐中的总浓度；杂质 Ni^{2+} 在硝酸盐、醋酸盐及氯化盐中的总浓度相同，与其在硫酸盐中的总浓度不同；杂质 Ca^{2+} 在硫酸盐、醋酸盐及氯化盐中的总浓度相同，与其在硝酸盐中的总浓度不同；杂质 Mn^{2+} 在硫酸盐和硝酸盐的总浓度相同，与其分别在醋酸盐和氯化盐中的总浓度不同；杂质 Pb^{2+} 在四类钴盐中的总浓度各不相同，且在硫酸盐中铅形成的是硫酸铅沉淀。

3 无氨草酸沉淀法制备草酸钴实验研究

3.1 引言

采用化学沉淀法制备金属化合物前驱体是目前应用最为广泛的方法之一，其原理是在含可溶性盐的溶液中，利用添加碳酸盐[112,113]或硫化物[114,115]或草酸盐[116~119]作沉淀剂等途径引发沉淀化学反应，通过均相或异相形成微小晶核，随晶核的扩散或聚集长大，生成具有一定形状和大小，并具有一定粒度分布的粉末粒子产物。在采用化学沉淀法制备粉体材料的过程中，产物过饱和度及各操作条件对目标金属的沉淀率和所得产物粒度形貌有决定性影响[120,121]。

目前工业上用于制备钴氧化物的含钴原料包括氯化钴[122]、硝酸钴[123,124]和硫酸钴[125,126]等，通过沉淀剂与含钴原料的化学沉淀反应可以制备氧化钴的前驱体沉淀物，再将沉淀物进行干燥、煅烧，从而制得钴氧化物粉体。无氨草酸沉淀法制备草酸钴工艺属上述化学沉淀法范畴，是基于草酸根离子与目标金属离子高的溶度积以及在整个工艺过程不加入对环境有害的氨水而考虑设计的。在无氨草酸沉淀—热分解制备氧化钴过程中，草酸钴是制备氧化钴及钴粉体材料的重要中间产品，由于氧化钴粉末的粒度和形貌对草酸钴具有很大的继承性，草酸钴的粒度及形貌对其所应用领域材料的性质影响较大[127~130]。因此，本书从沉淀体系选择出发，系统研究不同工艺条件对沉淀物粒度和形貌的影响，通过控制工艺条件实现优越的产品品质，为工业化技术生产提供依据。

3.2 实验方案

3.2.1 实验原料及试剂

实验所用主要原料和试剂为：氯化钴、硫酸钴、硝酸钴、醋酸钴、草酸、酒石酸、柠檬酸、乙二胺四乙酸（EDTA）。其中氯化钴原料为化学纯，具体成分指标见表3-1。其余试剂均为分析纯。

表3-1 原料氯化钴主要成分指标

元　素	Co	Ca	Zn	S	P	Si
化学成分/%	≥24	≤0.001	≤0.002	≤0.005	≤0.0004	≤0.003

3.2.2　实验方法和装置

首先将氯化钴或其他可溶性钴盐按照一定浓度配制成溶液，并配制浓度为 1.0mol/L 的草酸溶液作为沉淀剂。取 200mL 已配好的钴盐溶液，同时按一定物料比例量取一定体积的上述草酸溶液。实验过程中，在控制温度和搅拌强度条件下，以一定的加料方式和加料速度使钴盐溶液和草酸溶液混合生成沉淀，两种溶液混合完后再在搅拌状态下陈化，沉淀前驱体产物经抽滤、洗涤、干燥后送分析检测。为方便控制反应溶液温度及 pH 值，沉淀实验反应器放置于电子恒温水浴锅内，并采用 pH 计实时控制溶液 pH 值。采用的主体装置如图 3-1 所示。

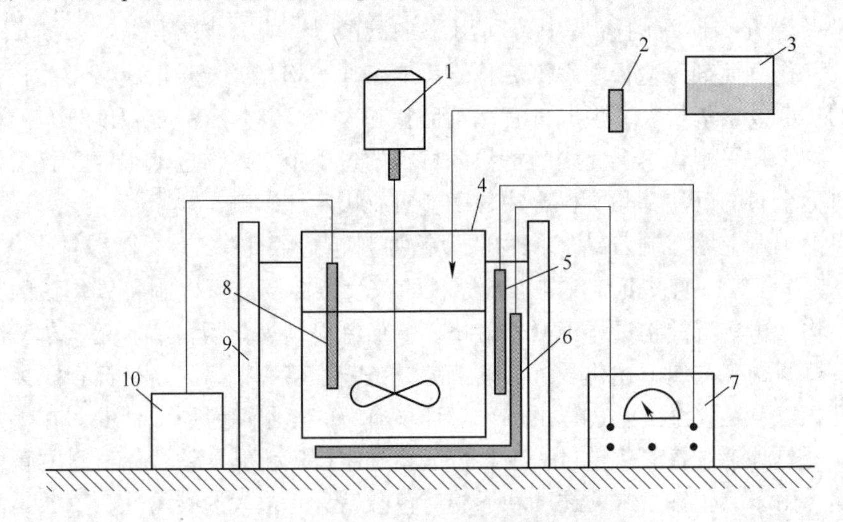

图 3-1　草酸钴沉淀反应实验装置图

1—恒速搅拌器；2—转子流量计；3—储液槽；4—沉淀反应槽；5—热电偶；
6—电阻加热器；7—温度控制仪；8—电极；9—恒温水浴；10—pH 计

3.2.3　分析检测方法

实验选用 JEOL 日本电子株式会社 JSM-5600LV 型扫描电子显微镜观察粉末粒子的微观形貌、粒度及均匀性；采用日本理学 3014Z 型 X 射线衍射分析仪分析沉淀物的物相结构；选用珠海欧美克 LS908 型激光粒度分析仪检测粉末粒子的粒度及分布；通过电位滴定法检测沉淀母液中钴的浓度并计算出钴的沉淀率。

3.3　实验结果与讨论

3.3.1　钴盐体系的影响

常用可溶性钴盐有氯化钴、硫酸钴、硝酸钴、醋酸钴 4 种，不同钴盐与草酸反应制备草酸钴的化学反应分别如式（3-1）~式（3-4）所示：

$$CoCl_2 + H_2C_2O_4 = CoC_2O_4 \downarrow + 2HCl \tag{3-1}$$

$$CoSO_4 + H_2C_2O_4 = CoC_2O_4 \downarrow + H_2SO_4 \tag{3-2}$$

$$Co(NO_3)_2 + H_2C_2O_4 = CoC_2O_4 \downarrow + 2HNO_3 \tag{3-3}$$

$$Co(Ac)_2 + H_2C_2O_4 = CoC_2O_4 \downarrow + 2HAc \tag{3-4}$$

为了确定在以上4种钴盐体系中，哪种体系能得到高的钴沉淀率及高品质的草酸钴，实验分别设计以钴的氯化物、硝酸盐、硫酸盐、醋酸盐为反应体系的方案，分析比较4种体系中钴的沉淀率及所得产物粒度形貌，确定优化钴盐草酸沉淀体系。实验条件：反应温度 $T_1 = 60℃$，陈化温度 $T_2 = 60℃$，陈化时间 $t = 1h$，草酸与钴物质的量比 = 1.5 : 1，搅拌速度 $r = 300r/min$，Co^{2+} 浓度为1.0mol/L，$H_2C_2O_4$ 浓度为1.0mol/L。实验结果如图3-2所示。不同钴盐体系对草酸钴沉淀率及平均粒度的影响见表3-2。

从图3-2的扫描电镜照片可以看出，不同钴盐体系对沉淀粒子的形貌有明显的影响，结合表3-2可知，各体系产物粒子的粒度大小也有区别。在硫酸钴沉淀体系中，所得产物粒子呈小块状团聚体，粒度介于醋酸钴体系和硝酸钴体

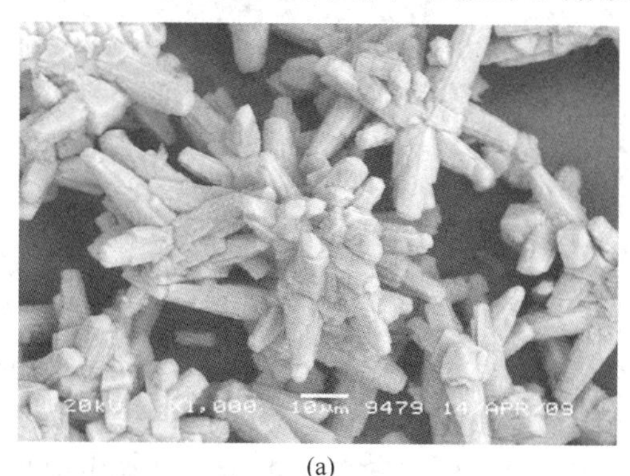

(a)

(b)

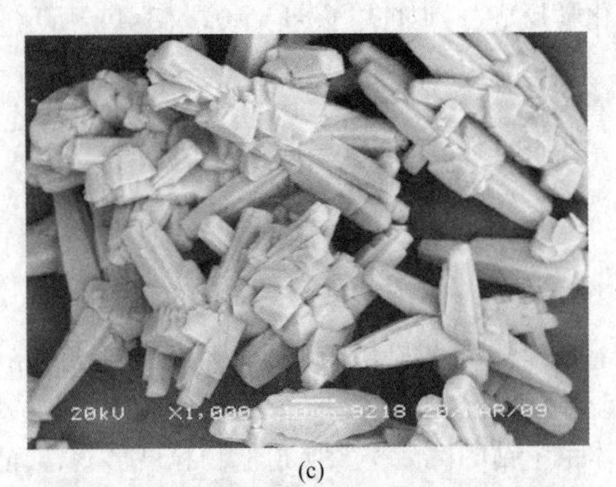

(c)

(d)

图 3-2 不同钴盐体系制备的草酸钴粉末的 SEM 照片

(a) 氯化钴体系；(b) 硫酸钴体系；(c) 硝酸钴体系；(d) 醋酸钴体系

系之间，团聚严重。在硝酸钴和氯化钴沉淀体系中，所得的产物形貌均为长柱状，粒度大小也相当。而醋酸钴沉淀体系所得产物粒度最小，为不规则的多刺状粒子，放大观察发现，每个粒子实际上是由大量细小刺状粒子聚集融合在一起形成的。

表 3-2 不同钴盐体系所得钴沉淀率和产物粒度

钴盐体系	操作说明	钴沉淀率/%	粒度 D_{50}/μm
氯化钴	$H_2C_2O_4$ 以 10mL/min 速度加到 $CoCl_2$ 中	95.19	46.54
硫酸钴	$H_2C_2O_4$ 以 10mL/min 速度加到 $CoSO_4$ 中	98.47	34.41
硝酸钴	$H_2C_2O_4$ 以 10mL/min 速度加到 $Co(NO_3)_2$ 中	98.66	43.77
醋酸钴	$H_2C_2O_4$ 以 10mL/min 速度加到 $Co(Ac)_2$ 中	89.02	29.26

不同钴盐所得产物粒度和形貌存在差异，这可能是由不同钴盐所含阴离子对产物粒子的形核和生长过程影响不同而引起的。一般认为，在湿法制粉过程中阴离子对沉淀产物的粒度形貌影响途径有两种：一是阴离子与金属离子形成配合物溶质分子，参与沉淀成核、生长等过程。阴离子不同，形成的溶质分子在空间结构、表面电荷分布及分子间的连接方式均不同，从而得到不同粒度形貌特征的粒子。二是阴离子虽不参与形成溶质分子，但是在晶核表面发生特性吸附，影响了生长粒子的表面电位，从而影响溶质粒子（簇）往晶核各晶面上的叠加速度或一次粒子的聚集行为，导致不同形状粒子的形成。在这4种钴盐中，醋酸根离子会与钴离子形成配合物溶质分子，参与颗粒成核、生长过程，对沉淀产物的粒度形貌存在诱导模板作用，从而改变沉淀粒子的生长基元及其连接方式，得到产物的形貌为细小毛刺状。而对 SO_4^{2-}、NO_3^-、Cl^- 三类阴离子而言，则主要是通过它们在颗粒形成与生长过程中的吸附作用来影响产物的粒度形貌。吸附作用大小取决于各阴离子的被吸附势。阴离子半径和电荷数越大，被吸附势也大，因而 $SO_4^{2-} > NO_3^- > Cl^-$。同时在草酸盐沉淀体系中，沉淀粒子具有极性生长的特点。由于 SO_4^{2-} 更容易吸附在晶粒表面，降低各个晶面的自由能，各晶面的生长速度差减小，因而容易得到球形粒子；而 Cl^- 和 NO_3^- 被晶粒吸附而降低其晶面自由能的能力较弱，不能够有效地抑制晶粒的极性生长，故得到柱状粒子。

从表3-2的沉淀率数据可得，不同钴盐体系所得钴的沉淀率不同。在硝酸钴体系和硫酸钴体系所得钴沉淀率高，达到98%以上，在氯化钴体系所得钴沉淀率为95.19%，而在醋酸钴体系所得钴沉淀率较低，只有89.02%。这可能是草酸钴在产物盐酸、硫酸、硝酸和醋酸的溶解度不同引起的。特别是在醋酸溶液中，由于醋酸根与钴存在较强的配合作用，从而使草酸钴在其溶液中的溶解度增加。

实验结果表明，在形貌、粒度、沉淀率等方面，氯化钴、硫酸钴、硝酸钴三个沉淀体系都优于醋酸钴体系，考虑工业生产最常采用氯化钴体系，为与工业实践紧密结合，本书选用氯化钴体系作为制备草酸钴的沉淀体系。

3.3.2 加料方式的影响

在化学沉淀法制备粉体材料的工艺中，反应物的加入方式是影响沉淀物粒子粒度和形貌的重要影响因素。本书分别考察了快速正加、快速反加、快速并加、正向滴加、反向滴加、并流滴加等物料加入方式对前驱体粒度和形貌的影响。所谓正加是指向含金属离子的溶液中加入沉淀剂溶液，而向沉淀剂溶液中加入含金属离子溶液则为反加。而将两种溶液同时加入到同一反应容器中的反应就是并流加料，简称并加。

不同加料方式对草酸钴沉淀率及平均粒度的影响见表3-3。实验条件：反应温

度 $T_1=60℃$，陈化温度 $T_2=60℃$，陈化时间 $t=1h$，草酸与钴物质的量比 = 1.5∶1，搅拌速度 $r=300r/min$，$CoCl_2$ 浓度为 1.0mol/L，$H_2C_2O_4$ 浓度为 1.0mol/L。

表 3-3 不同加料方式钴沉淀率和产物粒度

样品编号	加料方式	操作条件	钴沉淀率/%	粒度/μm
1	快速正加	$H_2C_2O_4$ 溶液迅速倾倒入 $CoCl_2$ 溶液中	95.73	8.35
2	快速反加	$CoCl_2$ 溶液迅速倾倒入 $H_2C_2O_4$ 溶液中	95.39	8.82
3	快速并加	$CoCl_2$ 溶液与 $H_2C_2O_4$ 溶液同时倾倒	95.31	6.79
4	正向滴加	$H_2C_2O_4$ 以 10mL/min 速度加到 $CoCl_2$ 中	95.19	36.13
5	反向滴加	$CoCl_2$ 以 9mL/min 速度加到 $H_2C_2O_4$ 中	95.27	14.29
6	并流滴加	$CoCl_2$ 与 $H_2C_2O_4$ 分别以 9mL/min 和 10mL/min 并流滴加	95.46	17.31

从表 3-3 列出的 6 种加料方式所得钴沉淀率来看，加料方式对产物钴的沉淀率影响不大。根据对沉淀体系中钴的热力学行为分析得知，钴沉淀率受平衡溶液 pH 值的影响较大。由于在其他实验条件都一定时，不同加料方式所得溶液体系的最终平衡状态相同，即体系平衡时的 pH 值几乎一致，因此加料方式对钴沉淀率影响不大。

从表 3-3 中的产物粒度数据可得，加料方式对产物的粒度有较大影响。快速加料所得产物粒度要远小于三种慢速滴加加料所得产物粒度。这是因为快速加料时，参加反应的反应物瞬间浓度高，沉淀反应速度快，单位时间内成核数多，沉淀析出的速度快，过饱和度消失快，生成的晶核未充分长大，因此所得产物颗粒细小；而滴加加料时，参加反应的反应物浓度相对较低，产物成核速度慢，过饱和度不会消失，晶核充分长大，最后得到粒度大的草酸钴粉末。

不同加料方式对草酸钴粒度形貌的影响如图 3-3 所示。

(a)

20kV X1,000 10μm
20kV X1,000 10μm 9202 20/MAR/09
20kV X1,000 10μm 9219
20kV X1,000 10μm 9203

(b)

(c)

(d)

(e)

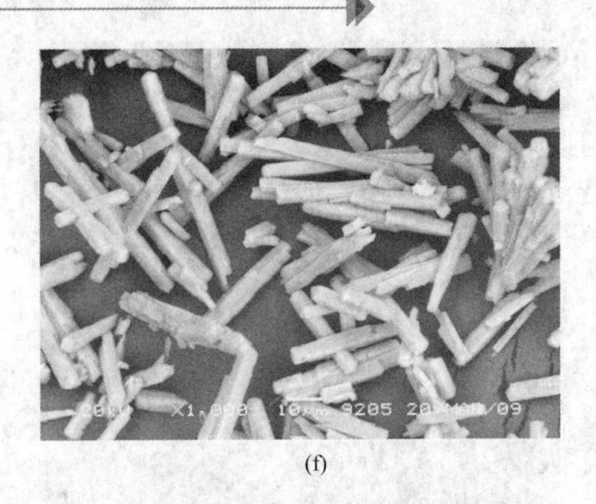

(f)

图 3-3 不同加料方式制备的草酸钴粉末的 SEM 照片

(a) 快速正加；(b) 快速反加；(c) 快速并加；(d) 正向滴加；(e) 反向滴加；(f) 并流滴加

由图 3-3 可得，三种快速加料方式得到产物形貌都为细针状，分散性好，颗粒长径比大。三种滴加加料方式得到的产物均呈柱状，其中反向滴加和并流滴加所得柱状产物长径比大，表面光滑。正向滴加制备得到的沉淀产物呈粗柱状。

加料方式对产物形貌的影响实际是通过改变沉淀颗粒的生长环境。首先，三种快速加料方式与三种滴加加料方式引起的反应器中溶液过饱和度和离子强度的变化情况不一样。滴加加料时，溶液中反应组分的浓度和过饱和度是逐渐上升的，体系中的离子强度也是逐渐升高的；而快速加料时，溶液的过饱和度急剧升高，离子强度迅速达到接近反应平衡后溶液总的离子强度，粒子的成核、生长都是在相当高的离子强度下进行的，有利于生成细针状的产物。图 3-4 简要示出了

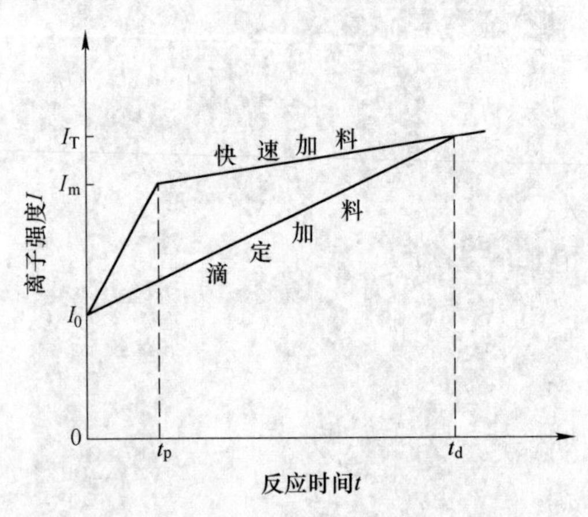

图 3-4 不同加料方式下溶液离子强度的变化情况

I_0—加料之前反应器中底液初始离子强度；I_m—倾倒式加料完毕时反应器中溶液离子强度；I_T—滴入加料完毕时反应器中溶液离子强度；t_p—倾倒式加料时间；t_d—滴入加料时间

快速加料与滴加加料时溶液离子强度的变化情况。

同时，在三种滴加加料方式中，不同的滴加顺序引起溶液中 pH 值的变化情况不一样。采用正向滴加时，初始溶液体系中金属离子过饱和浓度较大，液滴中的 $C_2O_4^{2-}$ 与溶液中 Co^{2+} 反应速度很快，$C_2O_4^{2-}$ 瞬时即消耗完，而这需要草酸的二级离解来补充，但由于其离解速度比沉淀反应速度小得多，因而所得沉淀颗粒易于聚集长大；采用反向滴加时，反应体系中每一个含 Co^{2+} 的液滴被大量的草酸溶液所包围，液滴中与 Co^{2+} 反应的 $C_2O_4^{2-}$ 浓度在一定时间内变化不大，可以近似于 $C_2O_4^{2-}$ 的平衡浓度，液滴中 Co^{2+} 浓度在液滴反应的瞬间维持不变；采用并向滴加时，反应体系的 pH 值受反应进度影响小，可看成稳定在一定的范围。

在对产物过滤和洗涤过程中还发现，三种快速加料和反向滴加加料方式所得产物由于夹带、包裹较多的 Cl^- 而难洗涤，其余两种加料方式较容易洗净去除产物中 Cl^-。实验结果表明，在综合考虑钴的沉淀率及合适的产物粒度形貌条件下，选用加料方式为正向滴加较为合适。

3.3.3 反应物浓度的影响

在工业生产中，反应物浓度是化学沉淀法制备粉末材料的一项重要工艺参数。不仅要求制得符合要求的产品，而且要求生产工艺要具有一定的生产能力。对于化学沉淀法制粉工业生产而言，提高反应物的浓度，可降低生产过程的物料流量和废水处理量，从而提高设备的生产率，降低生产成本。因此，研究反应溶液的浓度对草酸钴形貌和粒度的影响非常重要。

溶液浓度对晶粒的生成和长大速度均有影响，但对晶粒的生成速度影响更大，增大溶液浓度更有利于晶粒数目的增加。一般来说，若溶液浓度高，则晶粒生成的速度快，生成的晶粒数量多且粒径小；迅速的爆发成核造成溶液中钴离子质量亏损，使过饱和度迅速降低，晶粒的长大速度变慢。若溶液浓度比较低，过饱和度不太大，晶核的生成速度较慢，生成的晶粒的数目相应减少。如果能维持适当的过饱和度，提供晶粒长大所需的物料，则可得到较大粒子的沉淀。

然而，本书获得的结果却与上述理论相反，如图 3-5 所示。本书探讨了在反应温度 60℃、$H_2C_2O_4$ 与 Co^{2+} 物质的量比为 1.5∶1、加料速度为 10mL/min、溶液初始 pH 值为 5.5、60℃下陈化 120min、搅拌速度 300r/min 不变的条件下，氯化钴浓度分别为 0.5mol/L、0.8mol/L、1.0mol/L、1.2mol/L、1.5mol/L 时对钴沉淀率和产物粒度、形貌的影响。图 3-5 表明，草酸钴的晶粒呈针状或柱状纤维结构，当 $CoCl_2$ 溶液的浓度较大时，形成较粗大的晶粒，$CoCl_2$ 溶液浓度较小时，形成的晶粒细长，长径比较大。分析表明，因为当溶液浓度较大时，在加速晶核形成的同时又加快了晶核的聚集生长，粒子的生长以聚集生长方式为主。较高的过饱和度引起爆发成核，大量出现的微小晶核不稳定，具有较高的表面能，为达到热力学稳定状态，它们会迅速自发聚集在一起，这就是聚集生长过程。对于草酸钴而言，反应开始瞬间出现的大量细针状草酸钴微晶相互聚集，直到其表面能降到最低，最终形成柱状形貌。

(a)

(b)

(c)

(d)

图 3-5 不同氯化钴浓度制备的草酸钴粉末 SEM 照片
(a) Co^{2+}浓度为 0.5mol/L；(b) Co^{2+}浓度为 0.8mol/L；
(c) Co^{2+}浓度为 1.0mol/L；(d) Co^{2+}浓度为 1.5mol/L

图 3-6 所示为反应物浓度对钴沉淀率及产物粒度的影响。从图中可发现，随着反应物 Co^{2+} 浓度增加，钴沉淀率上升。这是由于一方面 Co^{2+} 加入量增加，而体积没有增加，溶解的草酸钴一定，可使钴沉淀率升高；另一方面从晶体学考虑，沉淀产物的形成经历了化学反应、成核和核的生长等阶段，溶液浓度越大，过饱和度越高，在有限的时间内会生成大量沉淀，因而会提高钴沉淀率。

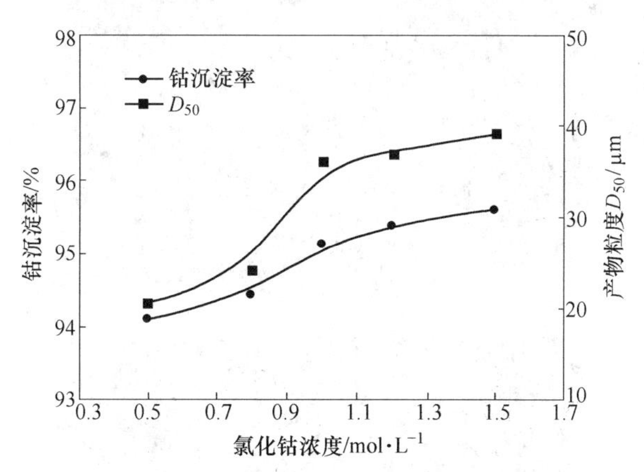

图 3-6 氯化钴浓度对钴沉淀率及产物粒度的影响

图 3-6 表明，产物粒度随着反应物浓度的增加而变大。分析认为：沉淀晶粒的形成要经历晶核形成和晶核生长两个阶段。在晶核形成和生长过程中，成核速率与生长速率是相互联系的，且都与过饱和度成正比，但晶粒生长速度受过饱和度的影响较小。当成核速率远远大于生长速率时，溶液中有大量晶核形成，得到的晶粒粒度小；而当成核速率远远小于生长速率时，所形成的晶核数少，晶粒粒

度大。在反应物浓度很低时，由于此时反应物浓度对形成晶核已有足够的过饱和度而生成大量晶核，晶核的生长速率较小及生长过程较短，所以得到的产物粒度较小。随着反应液浓度的增加、反应加激、过饱和度、晶核形成速率及晶粒生长速率有所增长，但由于生长过程变长，且浓度提高增加了单位体积生成粒子数，粒子间因范德华力和表面张力作用，粒子间相互碰撞而聚集生长的几率增加，因而得到的产物粒度变大。

实验结果表明，为得到高的钴沉淀率和合适粒度的沉淀产物，反应物 Co^{2+} 初始浓度选择 1mol/L 为宜。

3.3.4　沉淀剂过量系数的影响

沉淀剂过量系数实验主要是考察沉淀剂用量对草酸钴粉末前驱体粒度和形貌的影响，特别是考察对草酸钴沉淀率的影响。实验探讨了不同的草酸过量系数（即草酸与钴离子的物质的量比）对草酸钴粉末粒度形貌及沉淀率的影响。实验条件：反应温度 $T_1=60℃$，陈化温度 $T_2=60℃$，陈化时间 $t=120min$，加料速度 10mL/min，搅拌速度 $r=300r/min$，$CoCl_2$ 浓度为 1.0mol/L，$H_2C_2O_4$ 浓度为 1.0mol/L。实验结果分别如图 3-7 和图 3-8 所示。

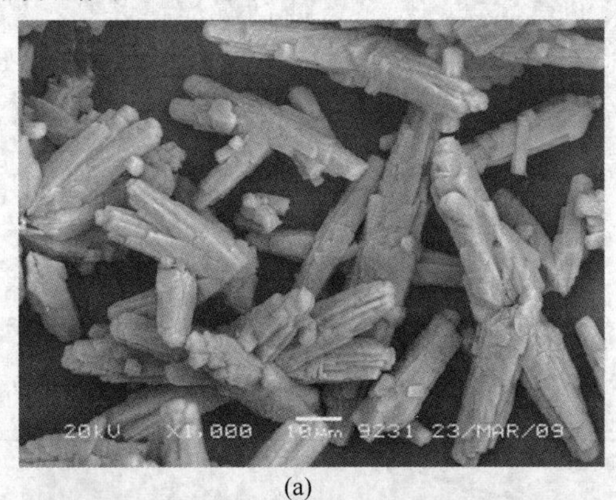

(a)

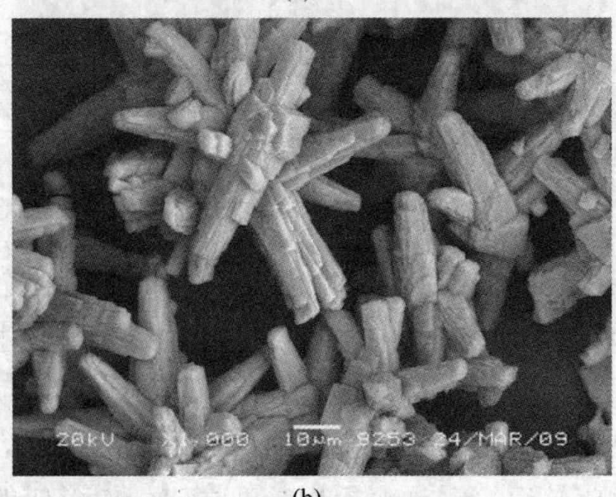

(b)

图 3-7 不同沉淀剂过量系数制备的草酸钴粉末 SEM 照片

(a) $c_{C_2O_4^{2-}}/c_{Co^{2+}}=1.0$；(b) $c_{C_2O_4^{2-}}/c_{Co^{2+}}=1.2$；

(c) $c_{C_2O_4^{2-}}/c_{Co^{2+}}=1.5$；(d) $c_{C_2O_4^{2-}}/c_{Co^{2+}}=1.8$

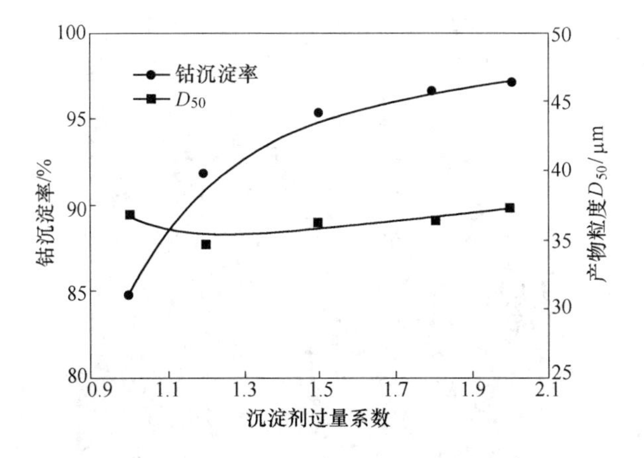

图 3-8 沉淀剂过量系数对产物沉淀率及粒度的影响

从图3-7和图3-8可以看出，沉淀剂过量系数对沉淀物粒度几乎没有影响，形貌也较为类似，只是过量系数越小越有利于生成分散性好的粒子。但沉淀剂的过量系数对沉淀率的影响相当大，提高沉淀剂过量系数可显著提高草酸钴的沉淀率。分析表明，由于在相同 Co^{2+} 浓度条件下，增加草酸用量将导致其电离产生的 $C_2O_4^{2-}$ 增加，沉淀的 Co^{2+} 也就越多。同时由于同离子效应，$C_2O_4^{2-}$ 量的增加也有利于草酸钴的沉淀溶解平衡向左移，降低其溶解度。因此，随着反应物物质的量比增加，钴沉淀率上升。

选定合适的沉淀剂过量系数非常重要，沉淀剂过量系数过低会影响主金属的回收率；过量系数过大不仅会增加沉淀剂的消耗，而且会增大工艺工程的物流量，从而增加生产成本和后续处理成本。综合考虑钴沉淀率和得到合适粒度的产物，本书选择过量系数为1.5。

3.3.5 反应温度的影响

反应温度是化学沉淀法制备粉末材料的另一项重要工艺参数，温度对粉末的生成和长大都有影响，选择合适的反应温度是获得高的钴沉淀率及理想产物粒度的关键因素之一。本书探讨了不同的反应温度对草酸钴粉末粒度形貌及沉淀率的影响。实验条件：$CoCl_2$ 浓度为1.0mol/L，$H_2C_2O_4$ 浓度为1.0mol/L，$c_{C_2O_4^{2-}}/c_{Co^{2+}} = 1.5$，加料速度10mL/min，陈化温度 $T_2 = 60℃$，陈化时间 $t = 120min$，搅拌速度 $r = 300r/min$。实验结果分别如图3-9和图3-10所示。

从图3-9和图3-10可以看出，在反应物浓度一定的情况下，提高反应温度会使晶粒增大。在温度低于60℃时，草酸钴产物多为短柱状，粒径相对较小；随着温度的升高，草酸钴晶粒的成长速度快，而晶核的形成相对较慢，生成的草酸钴粒度也随之增大，并逐渐形成长柱状结构。分析表明：温度升高虽然使成核速率常数和晶核长大速率常数增加，但随着反应温度升高，反应物过饱和度降低，而成核速度对过饱和度的变化较敏感，过饱和度降低更有利于削弱成核速度，从

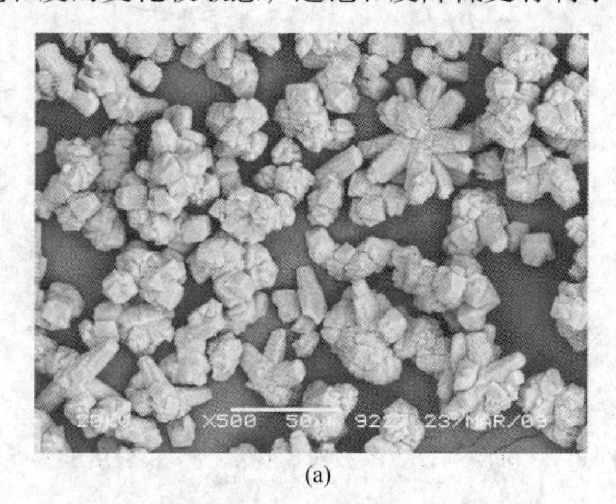

(a)

图 3-9 不同反应温度制备的草酸钴粉末 SEM 照片
(a) 20℃; (b) 40℃; (c) 60℃; (d) 80℃

而有利于晶粒的长大。同时，由于晶粒生成速度最大时的温度比晶粒长大最快所需要的温度低得多，因此在低温下有利于晶粒的生成，不利于晶粒的长大，一般会得到细小的晶粒；相反，提高温度，降低了溶液的黏度，增大了传质系数，加

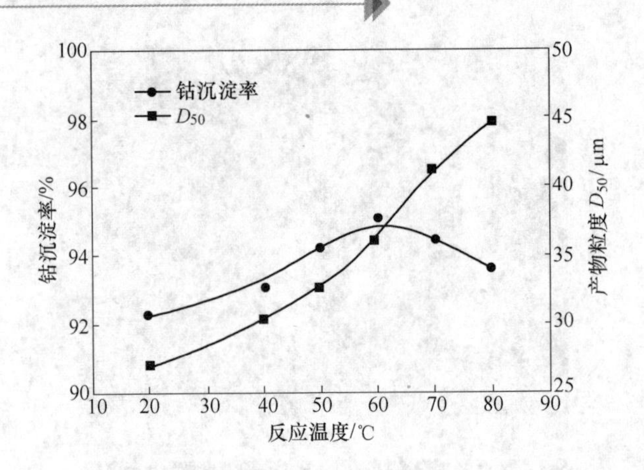

图 3-10　反应温度对产物沉淀率及粒度的影响

速了晶体的长大，从而使晶粒增大。

从图 3-10 中可知，随反应温度的升高，钴沉淀率先增加而后降低，在反应温度为 60℃时达最高。当反应温度低于 60℃时，由于草酸与氯化钴的反应是吸热反应，因而随着反应温度的升高，反应平衡向正方向移动，钴沉淀率增加。但随着反应温度的继续升高，沉淀物的沉淀率有所下降，这是因为提高反应温度增加了草酸钴的溶解度，导致钴沉淀率降低。

因此，为了得到沉淀率高、粒度形貌较好的草酸钴，实验选用反应温度为 60℃。

3.3.6　加料速度的影响

作为沉淀剂的草酸，由于其加料速度将直接影响沉淀过程的形核速率，因此对沉淀草酸钴的粒度、形貌也都有着较大的影响。本书探讨了不同的加料速度对草酸钴粉末粒度形貌及沉淀率的影响。实验条件：$CoCl_2$ 浓度为 1.0mol/L，$H_2C_2O_4$ 浓度为 1.0mol/L，$c_{C_2O_4^{2-}}/c_{Co^{2+}}=1.5$；反应温度 60℃，陈化温度 60℃；陈化时间 120min；搅拌速度 300r/min。实验结果分别如图 3-11 和图 3-12 所示。

(a)

(b)

(c)

(d)

图 3-11 不同加料速度制备的草酸钴粉末 SEM 照片
（a）加料速度为 5mL/min；（b）加料速度为 10mL/min；
（c）加料速度为 15mL/min；（d）加料速度为 25mL/min

从图 3-11 和图 3-12 可以看出，加料速度对草酸钴粒度和形貌的影响较大。加料速度慢时，草酸钴粉末呈不规则短柱状，柱体粗而短，类似方块状，短轴

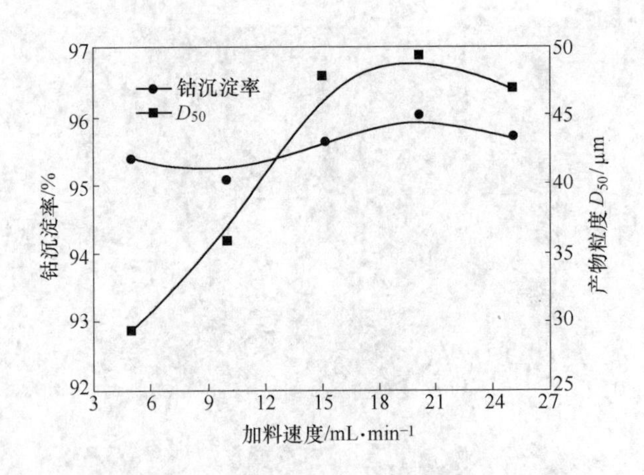

图 3-12 加料速度对产物沉淀率及粒度的影响

径长达10μm；随着加料速度的加快，出现了较为明显的长柱状粒子(见图3-11(b))，当加料速度增加到15mL/min时，草酸钴沉淀呈细长柱状，短轴径长仅为3～5μm。分析表明，在开始沉淀时加料速度过快，则沉淀生成的速度快，溶液中的粒子以成核过程为主，形成的草酸钴沉淀颗粒细长；加料速度慢时，先生成的微晶降低了体系的成核能垒，并作为晶种迅速长大，粒子的生长过程占优势，沉淀颗粒粒度变粗大。但由于加料速度过快，容易造成粉末团聚，大多数柱状草酸钴都团聚在一起而形成簇球形的粒子，导致产物粒度测试呈上升趋势。

图3-12所示为加料速度对钴沉淀率的影响。从图中可得，在实验所考察的加料速度范围内，钴沉淀率都达到95%以上，加料速度对钴沉淀率影响不大。分析认为，在其他实验条件一定时，加料速度对沉淀反应的溶液终点平衡状态无影响，因而对钴沉淀率没影响。

因此，综合考虑以上因素，草酸加料速度选择10mL/min较适合。

3.3.7 添加剂的影响

化学沉淀法制备粉体材料工艺中，添加剂通常对粒子的大小和形貌有一定的影响，特别是对沉淀粉末的分散性有较为显著的改善。本书探讨了加入不同添加剂对草酸钴粉末粒度形貌及沉淀率的影响。实验条件：反应温度 $T_1=60$℃，陈化温度 $T_2=60$℃，陈化时间 $t=120$min，$c_{C_2O_4^{2-}}/c_{Co^{2+}}=1.5$，搅拌速度 $r=300$r/min，$CoCl_2$ 浓度为1.0mol/L，$H_2C_2O_4$ 浓度为1.0mol/L。实验结果分别如图3-13和表3-4所示。

(a)

(b)

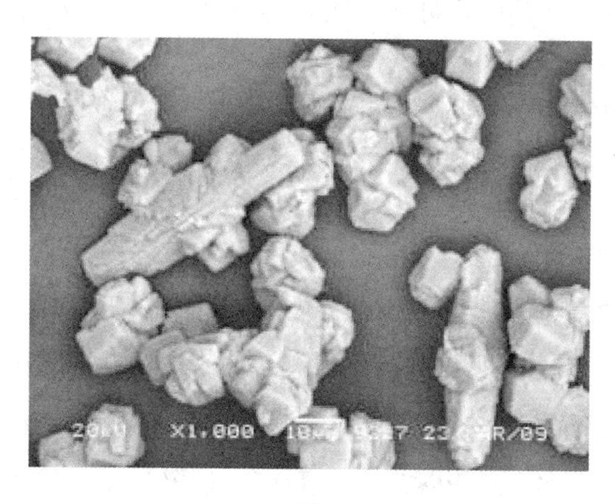

(c)

(d)

图 3-13 不同添加剂条件下的草酸钴粉末 SEM 照片
(a) 无添加剂；(b) 添加柠檬酸；(c) 添加酒石酸；(d) 添加 EDTA

表 3-4 不同添加剂对草酸钴沉淀率和产物粒度的影响

样品编号	添加剂种类	钴沉淀率/%	粒度/μm
1	无添加剂	95.32	43.77
2	柠檬酸	95.26	44.44
3	酒石酸	95.24	28.57
4	EDTA	95.48	40.56

从表 3-4 可以看出，三种添加剂的加入对钴沉淀率几乎没有影响。同时，从图 3-13 和表 3-4 可知，添加剂柠檬酸或 EDTA 对沉淀草酸钴的形貌和粒度没有明显影响，所有粉末几乎都呈现明显的柱状结构。但是由于添加剂吸附于固-液界面上，降低了界面自由能，减弱了自发凝聚的过程；同时分散剂在固-液界面形成了一层结实的溶剂化膜，阻碍了颗粒的相互接近，从而对粉末粒子的分散性有一定作用。实验发现，添加酒石酸虽然可得到分散性较好、粒径较小的草酸钴粉末，但其外观形貌已经由长柱状变为了短柱状。因此，本书认为添加剂的加入对沉淀实验效果无积极意义。

3.3.8 超声强化的影响

超声强化应用于化学沉淀制备粉体材料领域是近年来发展较快的新型强化手段。本书探讨了在不同超声功率下生成的草酸钴粉末粒度形貌及沉淀率。实验条件：反应温度 $T_1=60℃$，陈化温度 $T_2=60℃$，陈化时间 $t=120\text{min}$，$c_{C_2O_4^{2-}}/c_{Co^{2+}}=1.5$，搅拌速度 $r=300\text{r/min}$，$CoCl_2$ 浓度为 1.0mol/L，$H_2C_2O_4$ 浓度为 1.0mol/L。实验结果分别如图 3-14 和图 3-15 所示。

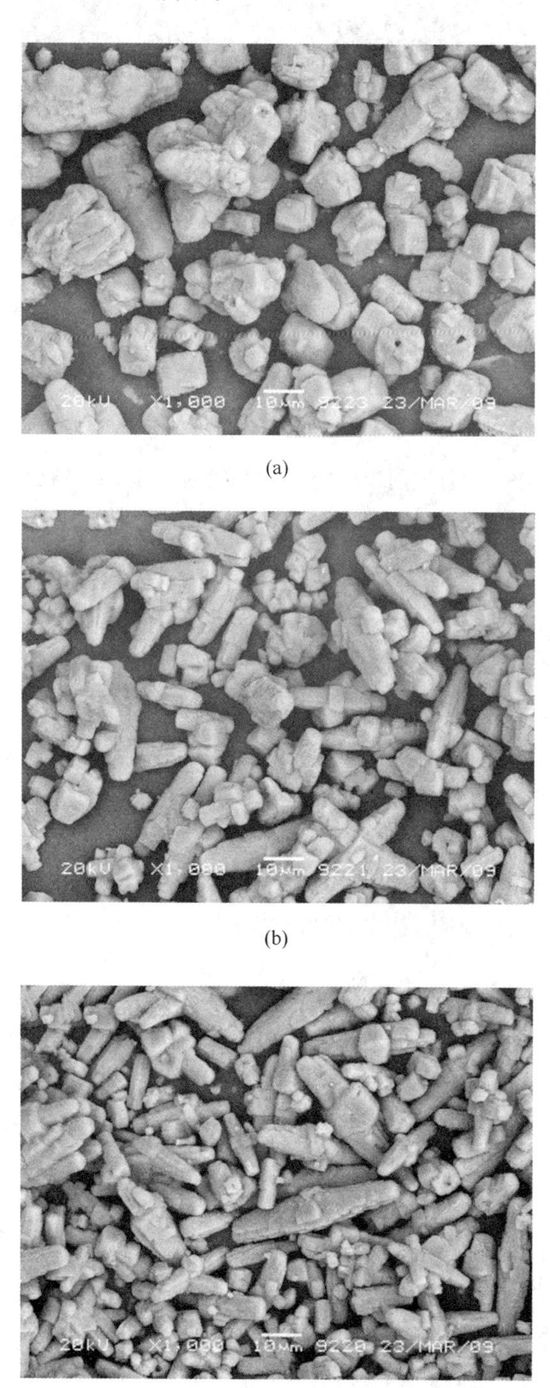

(a)

(b)

(c)

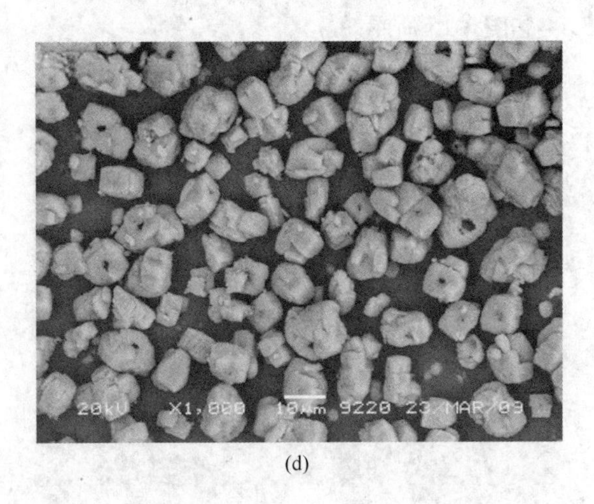

(d)

图 3-14 不同超声功率下的草酸钴粉末 SEM 照片

（a）超声功率 160W；（b）超声功率 240W；（c）超声功率 320W；（d）超声功率 400W

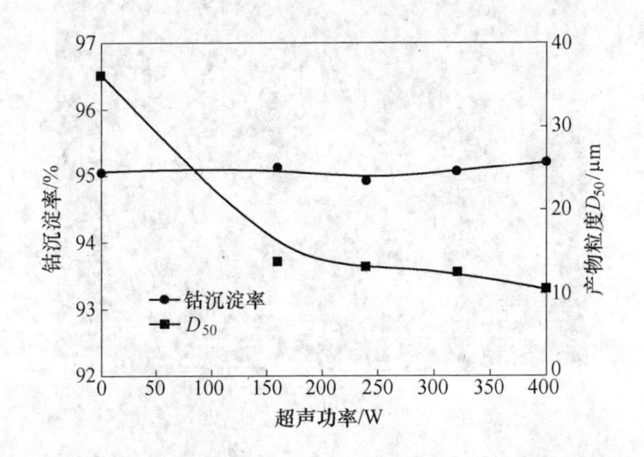

图 3-15 超声功率对产物沉淀率及粒度的影响

由图 3-14 可知，外加超声场可有效地减少沉淀粒子团聚，提高粒子分散性。随着超声功率的逐步提高，草酸钴形貌逐渐由粗柱状变为小块状。结合图 3-15 的粒度分析结果可知，未加超声场的粉末中位径为 36.13μm；当施加功率 160W 的超声场时，粉末中位径迅速降低至 13.95μm；随着超声功率的增加，粉末中位径逐渐下降。分析表明，超声波的空化作用产生局部高温高压的极端物理环境，为晶核的形成提供了所需能量，使得晶核的形成速度可以提高几个数量级，从而使晶粒尺寸减小；另外空化产生的局部高温以及大量微小气泡也大大降低了微小晶粒的比表面自由能，抑制了晶核的聚结和长大。

从图 3-15 也可以看到，化学沉淀过程中草酸钴沉淀率与有无超声波及超声波功率大小无关。因此，本书认为外加超声强化对沉淀实验效果无积极意义。

3.3.9 钴溶液初始 pH 值的影响

众多的研究发现，反应过程中介质溶液的酸碱度对沉淀产物的形成有明显的影响。在无氨草酸沉淀法制备草酸钴的过程中，钴溶液初始 pH 值同样对钴沉淀率和产物粒度有着重要的影响。本书探讨了在不同溶液初始 pH 值下生成的草酸钴粉末粒度形貌及沉淀率，实验采用 1∶1 盐酸调节溶液 pH 值。实验条件：反应温度 $T_1=60℃$，陈化温度 $T_2=60℃$，陈化时间 $t=120\mathrm{min}$，$c_{C_2O_4^{2-}}/c_{Co^{2+}}=1.5$，搅拌速度 $r=300\mathrm{r/min}$，$CoCl_2$ 浓度为 1.0mol/L，$H_2C_2O_4$ 浓度为 1.0mol/L。实验结果分别如图 3-16 和图 3-17 所示。

从图 3-16 可以看出，pH 值对草酸钴粒子形貌影响较大，虽然在不同初始 pH 值下沉淀粒子大多呈现粗柱状簇球状，但在 pH 值较低时，草酸钴粉末大多为多角形的块状小粒子聚集的类球形结构形貌，柱状结构产物较少（见图 3-16(a)）。随着 pH 值的升高，块状结构逐渐减少，柱状结构逐渐增多，分散性也得到提

(a)

(b)

(c)

(d)

图 3-16 不同溶液初始 pH 值的草酸钴粉末 SEM 照片
(a) pH = 2.5；(b) pH = 3.5；(c) pH = 4.5；(d) pH = 5.5

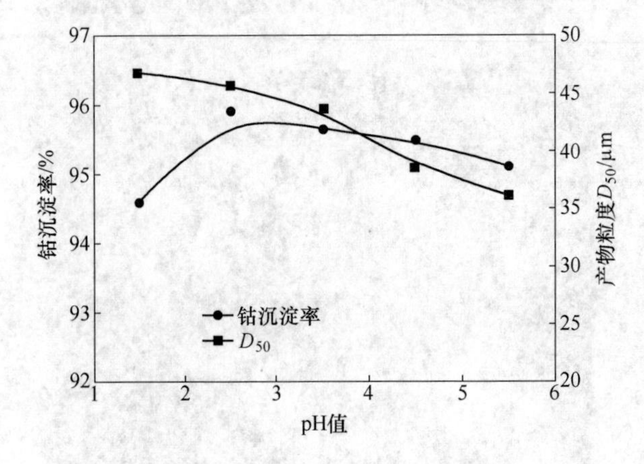

图 3-17 钴溶液初始 pH 值对产物沉淀率及粒度的影响

高。当 pH =5.5 时，草酸钴在图 3-16(d)照片上呈现明显的柱状簇球结构。

结合图 3-17 中钴溶液初始 pH 值对产物粒度的影响可知，随着钴溶液初始 pH 值增加，产物粒度减小。分析表明，钴溶液初始 pH 值对沉淀颗粒生长基元形成的影响为：当钴溶液初始 pH 值较低时，草酸钴的生长基元很难形成，形成速度较小，制得的粉体晶粒粒度较大；而当钴溶液初始 pH 值较高时，生长基元形成速度较大，晶粒粒度较小。此外，钴溶液初始 pH 值的改变还会影响成核与长大在晶体生长过程中的竞争关系。当 pH 值低，晶体长大为主要控制步骤，形成草酸钴晶核后，晶核能迅速长大，形成粒度较大的晶体；但 pH 值增大后，加速了草酸钴晶核的形成，在很短的时间内有大量的草酸钴晶核在反应物表面形成，使得晶体来不及迅速长大，最后形成粒度细小的晶体。因此，产物粒度随着钴溶液初始 pH 值增加而减小。

同时，从图 3-17 还可得知，钴沉淀率随钴溶液初始 pH 值的增加先增加而后减少。由第 2 章的热力学分析可知，随着 pH 值的增加，溶液中各种形式存在的钴的浓度先减少后增加，在 pH 值 2 ~2.5 附近浓度最低，也就表示在 pH 值 2 ~2.5 附近钴的沉淀率最高。因为随着钴溶液初始 pH 值增加，加入的草酸水解生成的 $C_2O_4^{2-}$ 也越多，沉淀的 Co^{2+} 也越多；同时根据同离子效益，初始 pH 值增加，体系中 H^+ 浓度减少，有利于草酸钴生成，因而钴沉淀率随钴溶液初始 pH 值的增加而升高。但随着钴溶液初始 pH 值继续增加，由于草酸水解产生更多的 $C_2O_4^{2-}$ 会与 Co^{2+} 发生配合反应，钴沉淀率则随着钴溶液初始 pH 值的增加而降低。

只有当钴溶液初始 pH 值比较适中时，才能生成粒径适宜的草酸钴产物，且得到的钴沉淀率高。综合考虑以上因素，钴溶液初始 pH 值控制在 5.5 较合适。

3.4 优化条件实验及产物性能表征

通过以上的系列实验研究，可得出无氨草酸沉淀法制备草酸钴的优化工艺条件，见表 3-5。在此优化工艺条件下进行系统实验，并对沉淀得到的产物粒子的各项物化指标进行分析表征。

表 3-5 无氨草酸沉淀法制备草酸的优化工艺条件

工艺条件	说 明
加料方式	正向滴加
反应物 Co^{2+} 浓度	1.0mol/L
沉淀剂过量系数	1.5
反应温度	60℃
加料速度	10mL/min
钴溶液初始 pH 值	5.5

3.4.1 沉淀产物物相分析

对在优化实验条件下得到的沉淀产物进行 X 射线分析，其 X 射线衍射图谱如图 3-18 所示。从 X 射线衍射图谱可以看出：沉淀物的晶型比较完整，与 JCPDF 卡对照可以确定沉淀物的物相为 β-$CoC_2O_4 \cdot 2H_2O$。

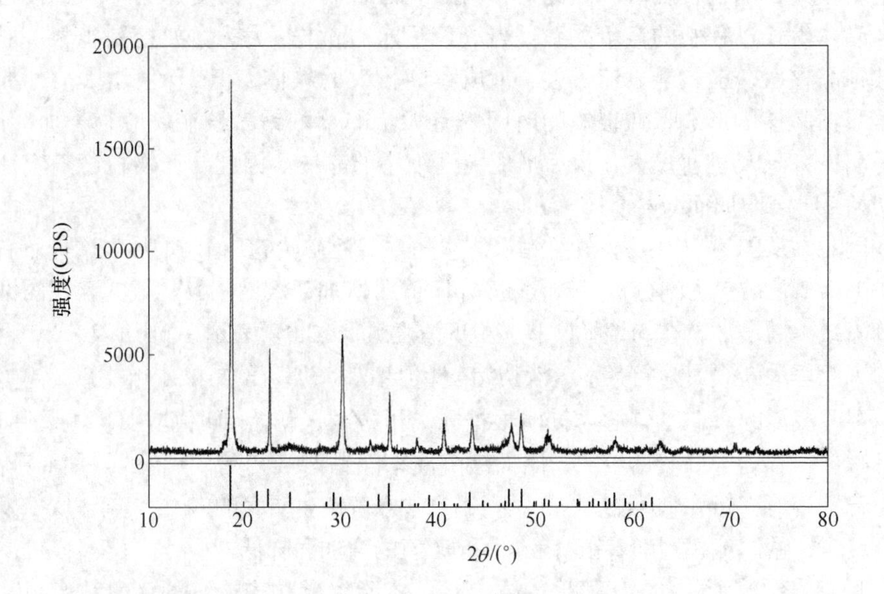

图 3-18 沉淀产物的 X 射线衍射图

3.4.2 沉淀产物的粒度及其分布

图 3-19 所示为优化实验条件下制备的草酸钴粒度分布。产物中位粒度为 36.13μm，呈正态分布，达到 Q/YSJC-Cp13—2005A 级 CoC_2O_4 对粒度 25～45μm 的要求范围，且沉淀产物分散性、流动性好。

3.4.3 沉淀产物的化学组成及松装密度

实验测得在优化条件下钴沉淀率达 95.11%，松装密度为 0.36g/cm^3，达到 Q/YSJC-Cp13—2005A 级 CoC_2O_4 对松装密度 0.25～0.45g/cm^3 的要求范围。沉淀产物的化学组成见表 3-6。由表 3-6 可以发现，在优化实验条件下制备得到草酸钴含钴量为 31.81%，杂质含量非常低，达到 Q/YSJC-Cp13—2005A 级 CoC_2O_4 对化学成分的要求（见表 3-7）。

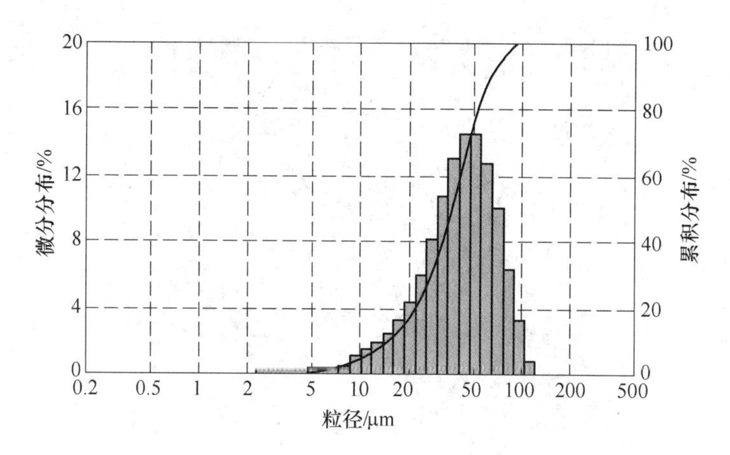

图 3-19 沉淀产物的粒度分布

表 3-6 沉淀产物的化学组成

元　素	Co	Ca	Zn	S	P	Si
化学成分/%	31.81	0.001	0.002	0.005	0.0004	0.003

表 3-7 Q/YSJC-Cp13—2005A 级草酸钴标准

元　素	Co	Ni	Fe	Mn	Cu	Zn	Ca
化学成分/%	≥31	≤0.002	≤0.002	≤0.002	≤0.002	≤0.002	≤0.002
元　素	Mg	Na	As	Pb	Al	SO_4^{2-}	Cl^-
化学成分/%	≤0.002	≤0.002	≤0.0006	≤0.002	≤0.001	≤0.005	≤0.02

3.4.4 沉淀产物的微观形貌

由图 3-20 所得产物的扫描电镜图可知，采用无氨草酸沉淀法，在优化实验

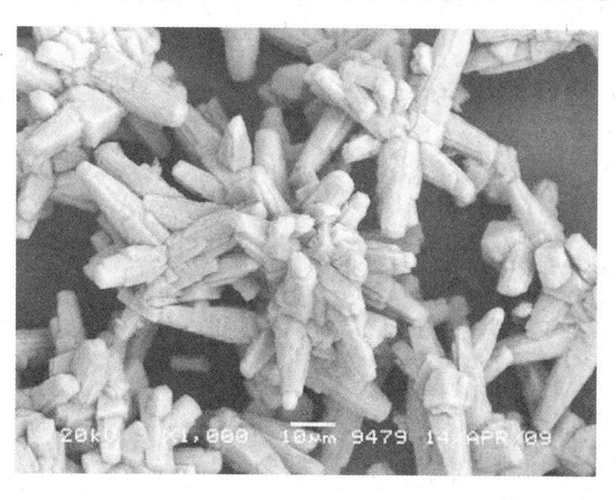

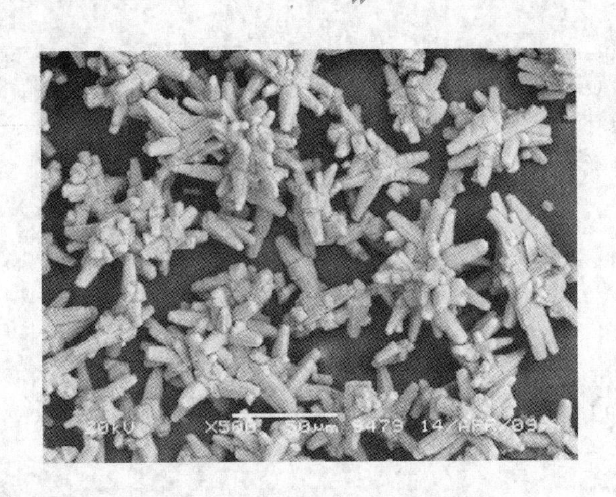

图 3-20 沉淀产物扫描电镜照片

条件下所得到的产物形貌为长柱簇球状，初始粒子短径尺寸约为 5 ~ 10μm，长径尺寸约为 20 ~ 30μm，簇球粒子的尺寸约为 30 ~ 50μm，这与前面的粒度分析结果相符合，说明粒度分析测出的为聚集粒子的尺寸。

3.5 本章小结

本章围绕无氨草酸沉淀制备草酸钴工艺可行性这个中心，从草酸钴粒子形貌、粒度和产物沉淀率等反应条件的敏感因素出发，系统地研究了沉淀过程中实验条件对产物粒度形貌等特征的影响，实验研究表明，采用无氨草酸沉淀工艺同样可以通过对工艺条件的调整，达到控制草酸钴形貌、粒度的目的，同样可以得到品质优良的草酸钴产品。本章得到的主要结论如下：

(1) 采用无氨草酸沉淀工艺可以有效制备得到结晶形貌良好的 β 晶型含水草酸钴粉末粒子（β-$CoC_2O_4 \cdot 2H_2O$），草酸钴粉末微观形貌呈长柱簇球状，中位径为 30 ~ 50μm，各项指标均达到 Q/YSJC-Cp13—2005A 级草酸钴的品质标准。

(2) 草酸溶液分别与氯化钴、硫酸钴、硝酸钴和醋酸钴四类钴盐体系进行沉淀反应，前三者沉淀率都超过 95%，醋酸钴沉淀率不到 90%。氯化钴与硝酸钴体系所得粒子形貌为长柱状，硫酸钴体系为短柱方块状，醋酸钴体系为多刺簇球状。分别对快速正加、快速反加、快速并加、正向滴加、反向滴加、并流滴加等 6 种加料方式所得钴沉淀率、产物粒度形貌、粒度进行比较分析，结合工业生产实际，确定选用氯化钴作为沉淀体系，且以正向滴加的加料方式较为适合。

(3) 无氨草酸沉钴工艺中，氯化钴溶液浓度、反应温度和草酸加料速度等因素对草酸钴晶体形貌和粒度起着决定性作用。随着氯化钴溶液浓度的增加，草酸钴粒子由细针状变为粗柱状，粉末粒径和沉淀率也随之增大。反应温度升高，草酸钴晶粒的生长速度加快，粒子动能增加，草酸钴的粒度也逐渐增大，并形成长柱状结构的簇球，沉淀率也随温度的升高而先增加后降低，并在60℃附近达到最大值。加料速度直接影响形核速率，加料速度快，沉淀生成的速度加快，形成的晶核数量增多，形成的草酸钴颗粒细长；加料速度慢时，粒子生长过程占优势，沉淀颗粒粗大；但加料速度对沉淀率的影响不大。

（4）草酸过量系数、溶液pH值对产物形貌、粒度影响较其他因素较小特别是草酸过量系数对产物形貌几乎没有影响，但对产物沉淀率有着明显的影响。草酸过量越多，其电离产生的 $C_2O_4^{2-}$ 就越多，沉淀的 Co^{2+} 也就越多。同时由于同离子效应，$C_2O_4^{2-}$ 量的增加也有利于草酸钴的沉淀溶解平衡向左移，降低其溶解度。随着溶液初始pH值的增加，粒子柱状结构增多，块状结构减少，分散性也增加。沉淀率则由于生成配合物等影响先增加后减少。

（5）外加超声场或添加剂对产物沉淀率均无明显影响。超声场可有效减少粒子团聚，其空化作用抑制了粒子的生长，提高了前驱体分散性。随着超声功率的提高，粉末粒径逐渐减小，形貌由长柱状变为小块状。添加柠檬酸、EDTA等添加剂对产物形貌和粒度影响均不大，添加酒石酸可得到分散性较好、粒径较小的草酸钴粉末，但其外观形貌已经由长柱状变为短柱状，三种添加剂对沉淀率无明显影响。

（6）通过研究探讨各实验条件对草酸钴沉淀过程的影响，得到了无氨草酸沉淀法制备草酸钴的优化实验条件。优化实验条件为：反应温度60℃、反应物 Co^{2+} 浓度1.0mol/L、$H_2C_2O_4$ 过量系数为1.5：1.0、加料速度10mL/min、钴溶液初始pH值5.5。

4　草酸钴后处理过程研究

4.1　引言

草酸钴是制备钴氧化物及钴粉产品的重要原料。采用无氨草酸沉淀制备得到草酸钴前驱体后必须经过后处理才能制备形貌粒度及性能优异的钴氧化物。后处理工艺包括洗涤、干燥、热分解等步骤，洗涤干燥主要是为了有效地防止草酸钴粉末产品的团聚现象，而热分解过程是制备钴氧化物及钴粉产品的重要途径[131~133]。以草酸钴为原料制备钴氧化物和钴粉都要经过热分解反应过程，而草酸钴的热分解较复杂，涉及离解、氧化、相变、再结晶和团聚等一系列复杂的化学和物理过程[134,135]。这些反应过程的特性，除了受反应物草酸钴本身性质影响外，还受其晶格的不对称性、杂质、吸附气体以及反应环境的影响。这种复杂性给研究草酸钴的热分解性能带来了很多不便[136,137]。

目前，有关草酸钴热分解的研究主要集中在热分解条件对其分解产物粒度和形貌的影响上。如黄利伟[138~141]系统探讨了草酸钴分解的各项影响因素，特别研究了影响草酸钴分解速度及产物粒度的因素；傅小明等人[142]研究了草酸钴先在空气中煅烧为氧化钴，然后再通过氢气还原制取钴粉的相变过程；杨幼平等人[143]报道了不同的热分解方法对产物氧化钴粒度形貌的影响；廖春发等人[144]研究了在不同的热分解条件下用草酸钴制备 Co_3O_4 微粉；高晋等人[128]研究了球形草酸钴还原制备金属钴粉，并对钴粉颗粒形貌与其前驱物颗粒形貌之间的关系进行了分析讨论。这些工作对以草酸钴为原料，经热分解生产制备氧化钴或钴粉的生产实践有一定指导意义，但大部分未从热力学和动力学方面对草酸钴热分解行为进行研究。

本章分别对沉淀草酸钴的洗涤、干燥、热分解等三个后处理步骤进行了详尽研究。首先研究了不同洗涤、干燥方式对草酸钴团聚行为的影响；再根据草酸钴的DSC-TGA 图，分析了其在不同气氛条件下的热分解行为；并从热力学的基础理论入手，对草酸钴热分解过程中的热力学行为进行研究；最后利用热重差热分析技术，探讨了草酸钴热分解的机理函数 $F(\alpha)$、表观活化能 E_a、频率因子 A 等动力学参数。

4.2　草酸钴产品洗涤干燥行为研究

在草酸钴工业生产中，常常需要通过控制洗涤干燥行为来防止草酸钴粉末的团聚。团聚现象是粉体材料制备及收集过程中的一个关键性难题，目前已经得到了越来越多的重视。粉体材料由于粒度小、比表面积大、表面原子数占总原子数比例大、表面能高、处于能量不稳定状态，因而很容易发生凝并、团聚，形成二次粒子，使粒子粒径变大，给粉体材料的制备和保存带来了很大困难[145]。颗粒的团聚可分为两种：软团聚和硬团聚[146,147]。软团聚是靠静电引力和范德华力的作用使颗粒聚合在一起，以降低其巨大的表面能，颗粒间相互作用力小；硬团聚则是团聚体内的颗粒之间，除范德华力和库仑力之外的化学键以及颗粒之间的液相桥或固相桥的强烈结合而产生的。无论硬团聚或软团聚，都与颗粒表面张力有关[148,149]。实验以前述氯化钴溶液和草酸溶液反应过程生成的草酸钴前驱体为研究目标，主要考察采用不同洗涤—干燥方式对草酸钴粉末物理指标（松装密度、粒度及其分布）的影响，因考虑工业实践的生产成本、操作条件等因素，实验对包括共沸蒸馏等成本较高、操作复杂的防团聚措施未做研究。

4.2.1 实验方案

实验以第3章沉淀反应制备的草酸钴为原料，按照图4-1所示的实验流程进行实验，考察各洗涤干燥方式对粉末粒度及其分布的影响。采用激光粒度仪分别测定各样品粒度及其分布，采用国家标准松装密度仪检测干粉末的松装密度。

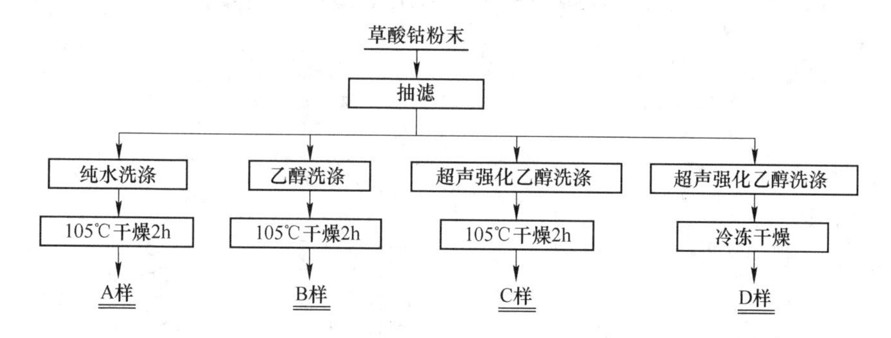

图4-1 不同洗涤干燥方式对比实验流程

4.2.2 实验结果与讨论

各洗涤干燥方式下样品粒度分布图如图4-2～图4-5所示。

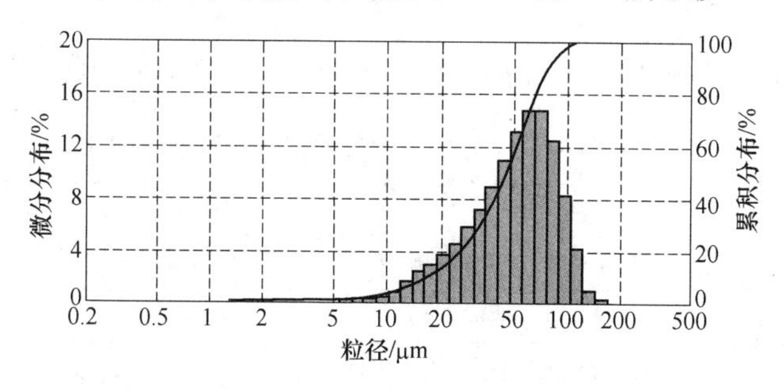

图4-2 纯水洗涤干燥后粒度分布

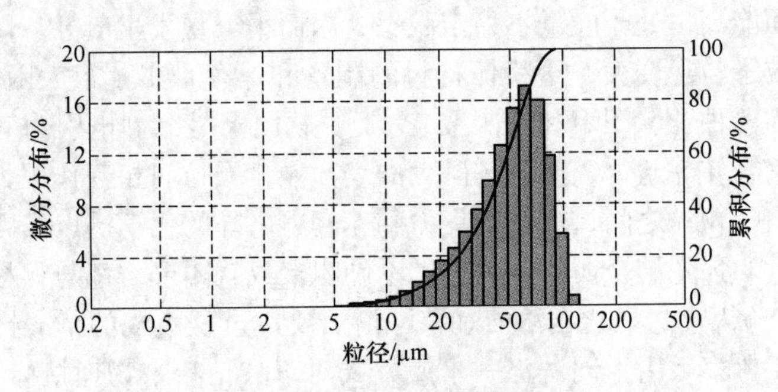

图 4-3 乙醇洗涤干燥后粒度分布

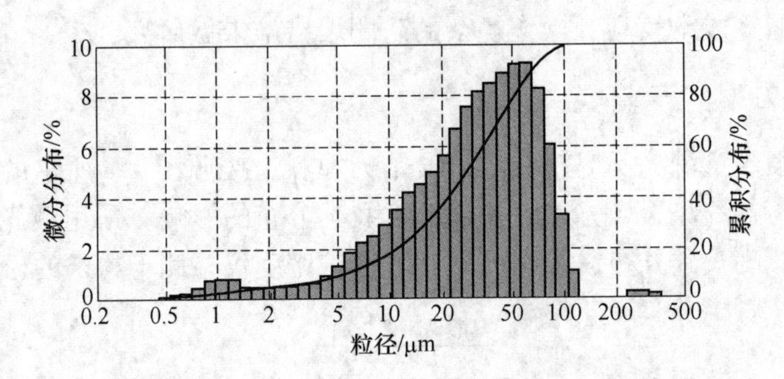

图 4-4 超声波强化乙醇洗涤干燥后粒度分布

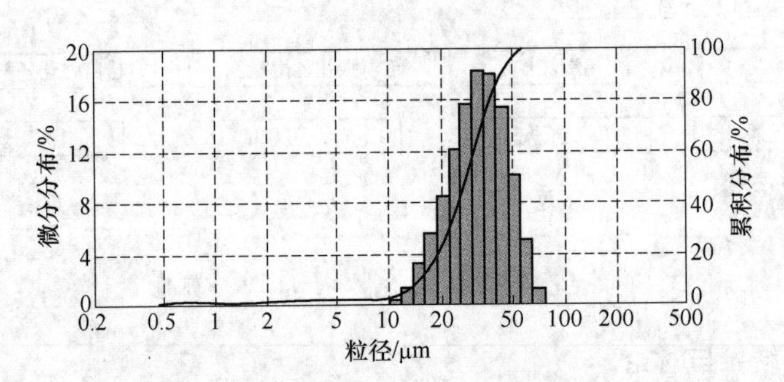

图 4-5 超声波强化乙醇洗涤冷冻干燥后粒度分布

由上述分析检测得出各样品的中位粒径（D_{50}）及松装密度对比见表 4-1。

表 4-1 各种洗涤方式下中位粒径及松装密度对比

编　号	洗涤干燥方式	中位粒径/μm	松装密度/g · cm^{-3}
A 样	纯水洗涤 + 真空干燥	44. 80	0. 678
B 样	乙醇洗涤 + 真空干燥	43. 21	0. 675
C 样	超声波强化乙醇洗涤 + 真空干燥	27. 52	0. 567
D 样	超声波强化乙醇洗涤 + 冷冻干燥	27. 57	0. 575

由采用乙醇洗涤与纯水洗涤分别得到的 A 样和 B 样的粒径和松装密度差别不大，分析表明，由于沉淀前驱体草酸钴形貌为粗柱状簇球结构，其特有的结构就已经避免了由于水的氢键作用而使颗粒集合的可能性，因此，乙醇洗涤对于粉末粒度的改善作用不大。加入超声场进行洗涤后，可发现颗粒粒径和松装密度都有所减小。分析认为，超声波产生的空化作用导致了部分粗柱状簇球结构的碎裂，从而使颗粒粒度和松装密度均有减小。

4.3 草酸钴热分解热力学研究

4.3.1 实验方案

草酸钴是一种草酸根桥联的淡红色粉状微晶，为中心对称、六配位的平面结构，如图 4-6 所示。二价草酸盐的热分解是一个复杂的物理化学过程，许多研究工作者通过对热分解产物的分析，将二价草酸盐的热分解反应分为三类[150,151]：第一类，草酸盐在惰性气氛中的分解产物是金属粉末，而在氧化性气氛（如空气、氧气）中的分解产物为金属氧化物；第二类，草酸盐在氧化性气氛和惰性气氛中的分解产物都是金属氧化物；第三类，草酸盐的热分解过程中存在中间产物碳酸盐。本书从热力学基础理论入手，对草酸钴在不同气氛下的热分解行为进行热力学分析，并通过草酸钴热分解实验进行 DSC-TGA 分析验证，最终确定草酸钴在不同气氛下的热分解行为。

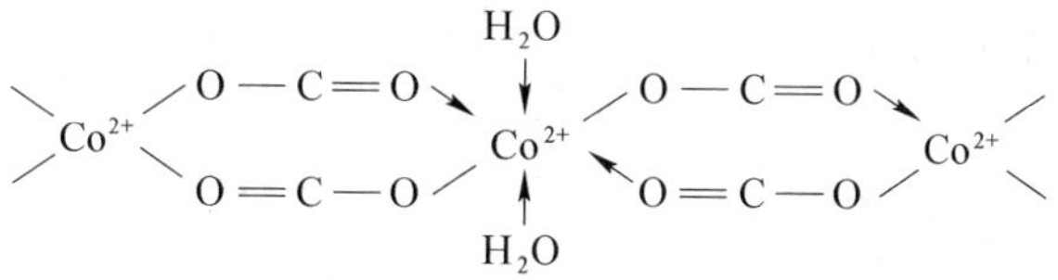

图 4-6 草酸钴的结构图

实验以无氨草酸沉淀工艺沉淀制备的草酸钴为原料。样品经洗涤干燥工艺后，采用 SDT Q600 型 DSC-TGA 同步热分析仪（美国 TA 仪器公司）进行草酸钴热重差热分析，将二水草酸钴样品置于氧化铝坩埚中，分别考察在氩气气氛下和空气气氛下的 DSC-TGA 曲线。在 100mL/min 相应气体气流下，分别考察不同升温速率对草酸钴失重率的影响，并根据实验结果选择其中一种升温速度进行定量验证实验，升温范围从 20℃ 升温到 1000℃，计算机在线记录样品的温度和质量。

4.3.2 热力学计算方法原理

首先假设草酸钴在惰性气氛中的热分解产物既可能为钴氧化物，也可能为金属钴[152]，则其相应的反应式可描述如下：

$$CoC_2O_4 = CoO + CO + CO_2 \quad (4\text{-}1)$$

$$CoC_2O_4 = Co + 2CO_2 \quad (4\text{-}2)$$

当反应式（4-1）处于平衡状态时，其平衡常数 K_1 为：

$$K_1 = a_{CoO} a_{CO} a_{CO_2} / a_{CoC_2O_4} \quad (4\text{-}3)$$

反应式（4-2）达平衡状态时的平衡常数 K_2 为：

$$K_2 = a_{Co} a_{CO_2}^2 / a_{CoC_2O_4} \quad (4\text{-}4)$$

上式（4-3）及式（4-4）中，a 表示活度。于是有：

$$K_1/K_2 = a_{CoO} a_{CO} / (a_{Co} a_{CO_2}) \quad (4\text{-}5)$$

气相中的气体发生氧化反应为：

$$2CO + O_2 = 2CO_2 \quad (4\text{-}6)$$

反应式（4-6）的平衡常数 K_3 为：

$$K_3 = a_{CO_2}^2 / (a_{CO}^2 a_{O_2}) \quad (4\text{-}7)$$

金属的氧化反应有：

$$2Co + O_2 = 2CoO \quad (4\text{-}8)$$

反应式（4-8）的平衡常数 K_4 为：

$$K_4 = a_{CoO}^2 / (a_{Co}^2 a_{O_2}) \quad (4\text{-}9)$$

于是有：

$$K_4/K_3 = [a_{CoO} a_{CO} / (a_{Co} a_{CO_2})]^2 \quad (4\text{-}10)$$

即可得到：

$$\frac{K_1}{K_2} = \left(\frac{K_4}{K_3}\right)^{\frac{1}{2}} \quad (4\text{-}11)$$

生成物的标准自由能：

$$\Delta G_T^{\ominus} = -RT\ln K \quad (4\text{-}12)$$

用 $\Delta G_a^{\ominus}$ 表示反应式（4-6）的标准吉布斯自由能，用 $\Delta G_b^{\ominus}$ 表示反应式（4-8）的标准吉布斯自由能，根据等式（4-12）则有：

$$K_3 = 10^{\frac{-\Delta G_a^{\ominus}}{2.303RT}} \quad (4\text{-}13)$$

$$K_4 = 10^{\frac{-\Delta G_b^{\ominus}}{2.303RT}} \tag{4-14}$$

将式（4-13）和式（4-14）代入式（4-11）得：

$$\frac{K_1}{K_2} = 10^{\frac{\Delta G_a^{\ominus} - \Delta G_b^{\ominus}}{4.606RT}} \tag{4-15}$$

金属氧化物的吉布斯生成自由能与温度的关系如下：

$$\Delta G_T^{\ominus} = \Delta H_{298}^{\ominus} + \int_{298}^{T} \Delta c_p \mathrm{d}T - T\Delta S_{298}^{\ominus} - T\int_{298}^{T} \frac{\Delta c_p}{T} \mathrm{d}T \tag{4-16}$$

式中 $\Delta G_T^{\ominus}$——温度为 T(K)下的反应吉布斯自由能变，kJ/mol；

$\Delta H_{298}^{\ominus}$——温度为 298K 下的反应自由焓变，kJ/mol；

$\Delta S_{298}^{\ominus}$——温度为 298K 下的熵变，J/mol；

Δc_p——恒压条件下的热容变化量，J/(mol·K)；

T——温度，K。

从式（4-15）可得，如果 $\Delta G_a^{\ominus} < \Delta G_b^{\ominus}$，则必有 $K_1 < K_2$，因而在平衡条件下考虑草酸盐的分解反应，则反应式（4-2）比反应式（4-1）更容易向产物的方向进行，即生成金属的反应胜过生成氧化物的反应；而当 $\Delta G_a^{\ominus} > \Delta G_b^{\ominus}$ 时，情况则恰好相反，草酸盐热分解生成氧化物的反应胜过生成金属的反应。

4.3.3 惰性气氛下热分解热力学分析及实验验证

在惰性气氛下，如果草酸钴热分解反应按反应式（4-1）进行，则产物为 CoO。将查找到的 CoO 相关热力学数据代入式（4-16），计算出 CoO 的 $\Delta G_T^{\ominus}$，得到其吉布斯自由能与温度的关系如图 4-7 所示。由图可知，CoO 的生成吉布斯自

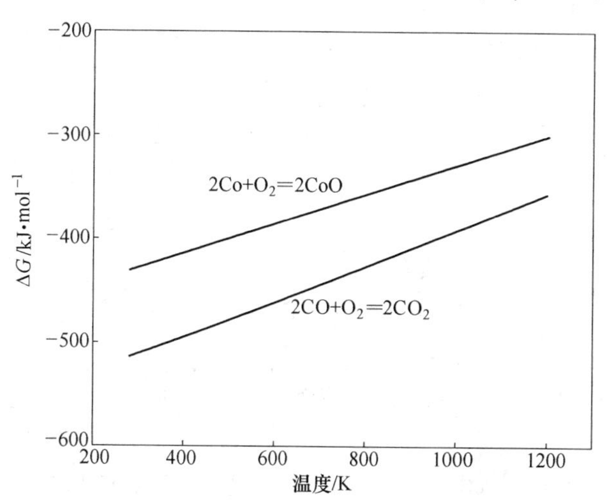

图 4-7 氧化亚钴吉布斯自由能与温度的关系

由能大于反应式（4-6）的吉布斯自由能。因此从热力学角度分析可知，草酸钴在惰性气氛中的热分解产物为金属钴。

图 4-8 所示为草酸钴（$CoC_2O_4 \cdot 2H_2O$）在惰性气氛（氩气气氛）中不同升温速率的 TG 曲线，由图可知，在程序升温过程中不同升温速率的 TG 曲线相当吻合，说明升温速率对失重率基本无影响。本书选择升温速率 10K/min 进行定量验证实验，其 DSC-TGA 分析曲线如图 4-9 所示，其分解过程及相关数据见表 4-2。

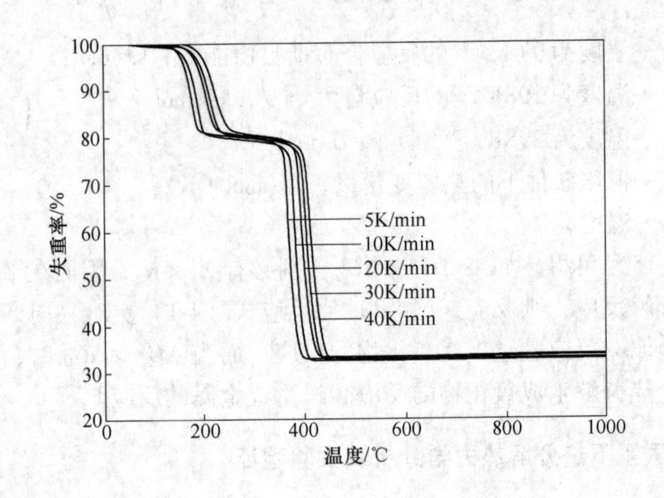

图 4-8 $CoC_2O_4 \cdot 2H_2O$ 在氩气气氛中不同升温速度的 TG 曲线

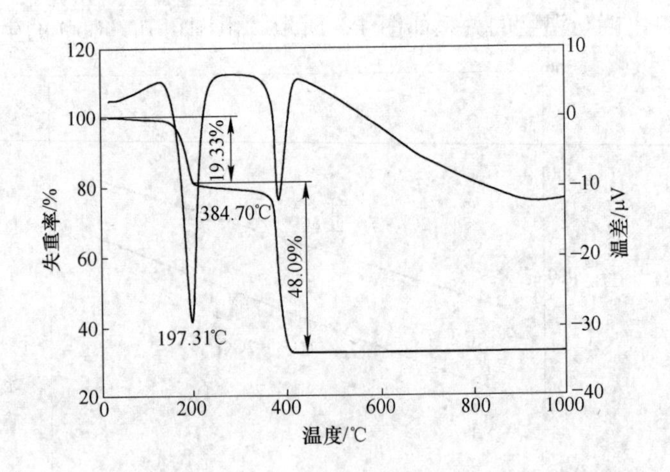

图 4-9 $CoC_2O_4 \cdot 2H_2O$ 在氩气气氛下的 DSC-TGA 曲线

（氩气流速：100mL/min；升温速度：10K/min）

表 4-2 $CoC_2O_4 \cdot 2H_2O$ 在氩气气氛下的失重数据

序 号	温度范围/℃	热分解步骤	失重率/%	
			实 际	理 论
1	150 ~ 210	$CoC_2O_4 \cdot 2H_2O = CoC_2O_4 + 2H_2O$	19.33	19.67
2	350 ~ 420	$CoC_2O_4 = Co + 2CO_2$	48.09	48.09

由图 4-9 和表 4-2 可知：草酸钴首先在 150 ~ 210℃之间失重，总失重率约为 19.33%，这是由样品中吸附水和结晶水的脱出引起的。对应的差热分析表明，在 197℃附近存在着较大吸热峰，说明脱出水的过程是吸热的。随着温度的升高，草酸钴在 350 ~ 420℃之间又有较大的失重，总失重率达到 48.09%，正好与草酸钴发生热分解反应生成金属钴所造成的失重率完全吻合，据此表明在惰性气氛下，草酸钴热分解行为的产物为金属钴，这也验证了前述热力学分析结论。该处的差热分析表明在 384℃附近有一吸热峰，表明草酸钴热分解生成金属钴的反应是吸热反应。

4.3.4 氧化性气氛下热分解热力学分析及实验验证

从以上草酸钴在惰性气氛中热分解行为热力学分析可知，其分解产物为金属钴粉和 CO_2。由于生成的 CO_2 可对产物钴粉有短暂保护性作用，因而从反应微观角度来说，在任何气氛中，草酸钴的热分解都首先按其在惰性气氛中的热分解行为进行。因此，可将草酸钴在氧化性气氛中的热分解分为两个步骤，即草酸钴热分解生成钴粉和钴粉的瞬间氧化。由于已从热力学角度分析了草酸钴热分解生成钴粉的过程，因而这里只对钴粉瞬间氧化过程进行热力学分析。

在钴的氧化物中，CoO 和 Co_3O_4 的热力学数据在手册中已有报道[153]（相关数据见表 4-3），而 Co_2O_3 的制备比较困难，且其热力学函数数据至今未见报道，因而在草酸钴的热分解反应中不考虑 Co_2O_3，钴粉瞬间氧化过程可能发生的化学反应如下：

$$2Co + O_2 = 2CoO \tag{4-17}$$

$$3/2Co + O_2 = 1/2Co_3O_4 \tag{4-18}$$

表 4-3 与草酸钴热分解相关的部分物质热力学数据

T/K		Co	CoO	Co_3O_4	CO	CO_2	O_2
298	$H^{\ominus}$/J · mol^{-1}	0.00	−238.91	−905.00	−110.54	−393.51	0.00
	$S^{\ominus}$/J · (mol · K)$^{-1}$	30.04	52.93	109.29	197.55	213.66	205.04
400	$H^{\ominus}$/J · mol^{-1}	2.62	−233.54	−891.36	−107.54	−389.42	3.06
	$S^{\ominus}$/J · (mol · K)$^{-1}$	37.59	68.40	148.51	206.20	225.42	213.85

续表 4-3

T/K		Co	CoO	Co_3O_4	CO	CO_2	O_2
600	$H^{\ominus}$/J · mol^{-1}	8.25	−222.89	−860.40	−101.49	−380.40	9.33
	$S^{\ominus}$/J · (mol · K)$^{-1}$	48.96	89.98	210.96	218.46	243.64	226.54
800	$H^{\ominus}$/J · mol^{-1}	14.88	−211.97	−825.59	−95.25	−370.66	15.83
	$S^{\ominus}$/J · (mol · K)$^{-1}$	58.48	105.68	260.92	227.43	257.63	235.89
1000	$H^{\ominus}$/J · mol^{-1}	21.80	−200.74	−787.52	−88.84	−360.42	22.54
	$S^{\ominus}$/J · (mol · K)$^{-1}$	66.18	118.21	303.33	234.57	269.05	243.37
1200	$H^{\ominus}$/J · mol^{-1}	29.78	−189.17	—	−82.27	−349.74	29.42
	$S^{\ominus}$/J · (mol · K)$^{-1}$	73.43	128.74	—	240.57	278.77	249.64

由于温度和氧分压是影响钴氧化过程的主要因素，因此采用的平衡图为 $\lg p_{O_2}$-$1/T$ 图。根据表 4-3 中相关物质的热力学数据，分别代入式（4-16）计算出反应式（4-17）和式（4-18）的 $\Delta G_T^{\ominus}$，并由式（4-12）计算出各反应的平衡常数，同时根据各反应平衡常数可得到钴氧化为各种钴氧化物的氧分压，得出的钴氧化为各钴氧化物的氧分压 $\lg p_{O_2}$ 与 $1/T$ 的关系如图 4-10 所示。

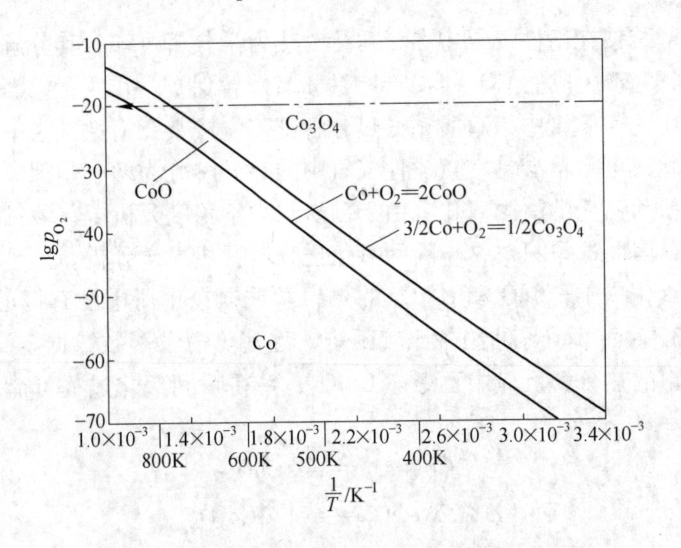

图 4-10 钴氧化物分解压 $\lg p_{O_2}$ 和 $1/T$ 的关系图

从图 4-10 得出，Co-O 体系可依次分为 Co、CoO 和 Co_3O_4 相的稳定区。当氧分压一定加热时，Co_3O_4 失去氧，相继转变为 CoO 和 Co。在氧分压 $\lg p_{O_2}$ 为 −20 时，即氧的压强为 10^{-20}Pa 时，随着温度的升高，Co_3O_4 依次在 473.27℃下转变成 CoO，在 604.04℃转变成金属钴。空气中的氧分压在温度低于 700℃范围内总会在 10^{-10}Pa 以上，这样的体系点应位于 Co_3O_4 稳定区内。因而由此可得，在温度低于700℃范围内，金属钴的氧化产物是Co_3O_4，也即草酸钴在氧化性气氛中的热分解产物为Co_3O_4。

图4-11所示为草酸钴（$CoC_2O_4 \cdot 2H_2O$）在氧化性气氛（空气气氛）中不同升温速率的TG曲线，由图可知，在程序升温过程中不同升温速率的TG曲线比较吻合，说明升温速率对草酸钴的热分解失重率无较大影响。本书选择升温速率10K/min进行定量验证实验，其DSC-TGA分析曲线如图4-12所示，其分解过程及相关数据见表4-4。

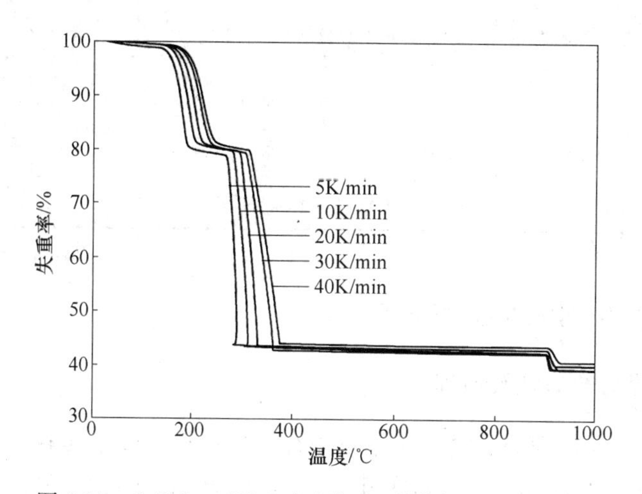

图4-11 $CoC_2O_4 \cdot 2H_2O$在空气中不同升温速度TG曲线

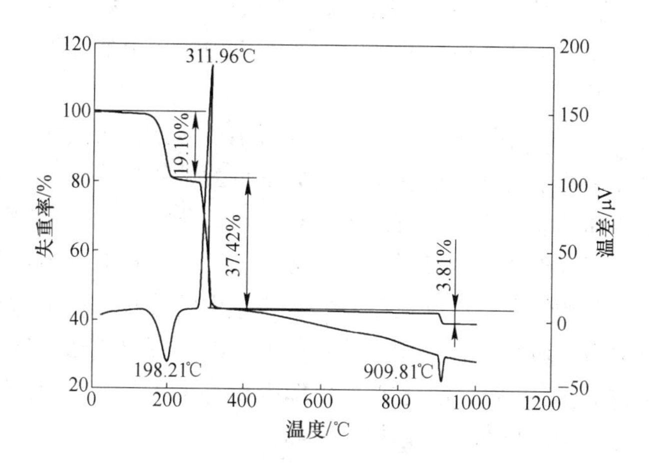

图4-12 $CoC_2O_4 \cdot 2H_2O$在空气气氛下的DSC-TGA曲线

（空气流速：100mL/min；升温速度：10K/min）

由图4-12和表4-4可知：在空气气氛下草酸钴的失重分三次，失重温度范围分别为150～210℃、290～320℃以及890～920℃，失重率分别达19.1%、

37.42%、3.81%。按照热力学分析所得结论的理论失重率与实际失重率基本一致。其差热分析表明：在198℃附近有个吸热峰，这是草酸钴因失去吸附水和结晶水而引起的；在311℃附近有个很强的放热峰，说明 CoC_2O_4 分解、氧化生成 Co_3O_4 的过程。Co_3O_4 有个较长的热稳定区，直到890℃左右再次发生分解，由 Co_3O_4 变成 CoO，所对应的吸热峰在909℃附近。

表4-4 $CoC_2O_4 \cdot 2H_2O$ 在空气气氛下的失重数据

序号	温度范围/℃	热分解步骤	失重率/%	
			实际	理论
1	150~210	$CoC_2O_4 \cdot 2H_2O = CoC_2O_4 + 2H_2O$	19.10	19.67
2	290~320	$3CoC_2O_4 + 2O_2 = Co_3O_4 + 6CO_2$	37.42	36.43
3	890~920	$2Co_3O_4 = 6CoO + 3O_2$	3.81	2.91

4.4 草酸钴热分解动力学研究

4.4.1 动力学分析方法及原理

热分解动力学的研究目的在于定量表征反应过程，确定其遵循的最概然机理函数 $f(\alpha)$，求出关键动力学参数表观活化能 E 和频率因子 A，算出速率常数，提出模拟 TA 曲线的反应速率 $d\alpha/dt$ 表达式，为反应过程速率的定量描述和机理的推断、新材料的稳定性和配伍性的评定、有效使用寿命和最佳生产工艺条件的确定等提供科学依据[154~156]。

由上节热重和差热分析可知：在氩气气氛中草酸钴的热分解过程分为结晶水脱除和草酸钴分解两个阶段；而在空气气氛下草酸钴的热分解过程分为结晶水脱除、草酸钴分解和四氧化三钴分解三个阶段。有关草酸钴二水合物的脱水过程动力学机理研究，国内外研究者已进行了大量研究[157,158]，本书不再赘述。本书主要针对脱水后的草酸钴在氩气气氛中和空气气氛中的分解过程进行反应动力学分析。在热分解动力学研究中，采用多重扫描速率的非等温方法，推断并相互验证热分解机理函数 $F(\alpha)$、表观活化能、频率因子等动力学"三因子"，从而对草酸钴的热分解行为做出更为全面系统的分析。

4.4.1.1 热分解机理函数 $G(\alpha)$ 推断原理

反应的动力学函数 $G(\alpha)$ 是表示固体物质反应速率 k 与转化率 α 之间所遵循的某种函数关系，直接决定热分析曲线的形状。表4-5列出了常见固体热分解反应的机理函数[154,159]。

表 4-5 常见的固体热分解反应机理函数

序号	函数名称	机 理	$G(\alpha)$
1	抛物线法则	一维扩散,1D	α^2
2	Valensi 方程	二维扩散,圆柱形对称,2D	$\alpha+(1-\alpha)\ln(1-\alpha)$
3	G－B 方程	三维扩散,圆柱形对称,3D	$1-2\alpha/3-(1-\alpha)^{2/3}$
4	Jander 方程	三维扩散,球形对称,3D	$[1-(1-\alpha)^{1/3}]^2$
5	反 Jander 方程	三维扩散,3D	$[(1+\alpha)^{1/3}-1]^2$
6	Mample 单行法则	随机成核和随后生长,假设每个颗粒上只有一个核心	$-\ln(1-\alpha)$
7	Avrami Erofeev 方程	随机成核和随后生长,$n=2/3$	$[-\ln(1-\alpha)]^{2/3}$
8	Avrami Erofeev 方程	随机成核和随后生长,$n=1/2$	$[-\ln(1-\alpha)]^{1/2}$
9	Avrami Erofeev 方程	随机成核和随后生长,$n=1/3$	$[-\ln(1-\alpha)]^{1/3}$
10	幂函数法则	相边界反应(一维),R_1,$n=1$	α
11	幂函数法则	$n=1/2$	$\alpha^{1/2}$
12	幂函数法则	$n=1/3$	$\alpha^{1/3}$
13	幂函数法则	$n=1/4$	$\alpha^{1/4}$
14	2/3 级	化学反应	$(1-\alpha)^{-1/2}$
15	二级	化学反应	$(1-\alpha)^{-1}$
16	收缩圆柱体	相边界反应,圆柱形对称,$n=1/2$	$1-(1-\alpha)^{1/2}$
17	收缩球体	相边界反应,球形对称,$n=1/3$	$1-(1-\alpha)^{1/3}$

在描述反应式（4-19）:

$$A'(\mathrm{s}) \longrightarrow B'(\mathrm{s}) + C'(\mathrm{g}) \tag{4-19}$$

的动力学问题时，经常采用两种不同形式的方程进行描述

$$\frac{\mathrm{d}\alpha}{\mathrm{d}t} = kf(\alpha) \tag{4-20}$$

和

$$G(\alpha) = kt \tag{4-21}$$

式中 α——t 时物质 A′已反应的分数，在热重分析中即表示分解产物的失重变化率；

t——时间；

k——反应速率常数；

$f(\alpha)$，$G(\alpha)$——分别为微分形式和积分形式的动力学机理函数，两者之间的关系为：

$$f(\alpha) = \frac{1}{G'(\alpha)} = \frac{1}{\mathrm{d}[G(\alpha)]/\mathrm{d}t} \tag{4-22}$$

k 与反应温度 T（热力学温度）之间的关系可用著名的阿仑尼乌斯（Arrhenius）方程表示[160]：

$$k = A\mathrm{e}^{-E/(RT)} \tag{4-23}$$

式中　A——表观指前因子（又称频率因子）；

E——表观活化能；

R——摩尔气体常量。

将式（4-23）代入式（4-20），且根据升温速率的定义 $\beta = \mathrm{d}T/\mathrm{d}t$ 可得：

微分式：
$$\frac{\mathrm{d}\alpha}{\mathrm{d}T} = \frac{A}{\beta}\mathrm{e}^{-E/(RT)}f(\alpha) \tag{4-24}$$

积分式：
$$G(\alpha) = \int_0^{\alpha} \frac{\mathrm{d}\alpha}{f(\alpha)} \tag{4-25}$$

对积分式进行积分变换可得到 Coats-Redfern 积分式[161]：

$$\ln\left[\frac{G(\alpha)}{T^2}\right] = \ln\left(\frac{AR}{E\beta}\right) - \frac{E}{RT} \tag{4-26}$$

根据 Coats-Redefm 方程，对表 4-5 中列出的常见的 17 种动力学积分函数表达式 $G(\alpha)$，求出 $G(\alpha)$，并用 $\ln[G(\alpha)/T^2]$ 对 $1/T$ 作图，应用计算机程序对数据进行线性回归。拟合得到的相关系数绝对值接近于 1 的函数即可能为所求的机理函数。

4.4.1.2　表观活化能与指前因子的计算

利用差热法分析技术，以式（4-20）和式（4-22）为基础，对实测的 DCS 曲线进行处理，从而推算出热分解反应表观活化能。通常是在多个不同的升温速率 β 下，选取相应过程中的峰顶温度或相同的数个 α，以所对应的 $\ln\beta$（或 $\lg\beta$）对 $1/T$ 进行线性回归，由斜率计算得到表观活化能 E_a 值。主要的方法分为积分法和微分法，其中 Ozawa 法和 Kissinger 法是两种具有代表性的研究方法。

Ozawa 法是一种对热分析曲线动力学分析的积分法[162]。对速率式（4-20）进行积分变换处理可得：

$$\lg\beta = \lg\frac{AE}{RG(\alpha)} - 2.315 - 0.4567\frac{E}{RT} \tag{4-27}$$

方程（4-27）中，由于不同的升温速率 β 下各热谱峰顶温度 T_m 处的各 α 值近似相等，因此可用 $\lg\beta - \frac{1}{T}$ 呈线性关系来确定 E 值。

令
$$Z_i = \lg\beta_i$$
$$y_i = 1/T_{pi} \qquad (i = 1,2,\cdots,L)$$
$$a = -0.4567\frac{E}{R}$$
$$b = \lg\frac{AE}{RG(\alpha)} - 2.315$$

这样由式（4-27）得线性方程组：

$$Z_i = ay_i + b \qquad (i = 1,2,\cdots,L)$$

通过解此方程即可得表观活化能 E_a 和指前因子 A。

Kissinger 法是一种对热分析曲线动力学分析的微分法[163]。对速率式（4-20）进行求导变换处理可得：

$$\ln\left(\frac{\beta_i}{T_{pi}^2}\right) = \ln\left(\frac{AR}{E}\right) - \frac{E}{RT_{pi}} \qquad (i = 1,2,\cdots,L) \tag{4-28}$$

由式（4-28）可知，$\ln\left(\frac{\beta_i}{T_{pi}^2}\right)$与$\frac{1}{T_{pi}}$呈线性关系，由 $\ln\left(\frac{\beta_i}{T_{pi}^2}\right)$对$\frac{1}{T_{pi}}$作图可得到一条直线，通过直线的斜率 $-E/R$ 可以得到表观活化能 E_a，再由式（4-28）可求出频率因子 A。

4.4.2 氩气气氛下热分解行为动力学分析

4.4.2.1 反应机理初步拟合

根据草酸钴在氩气气氛中的热重曲线（见图 4-13，升温速率 $\beta = 10\text{K/min}$），

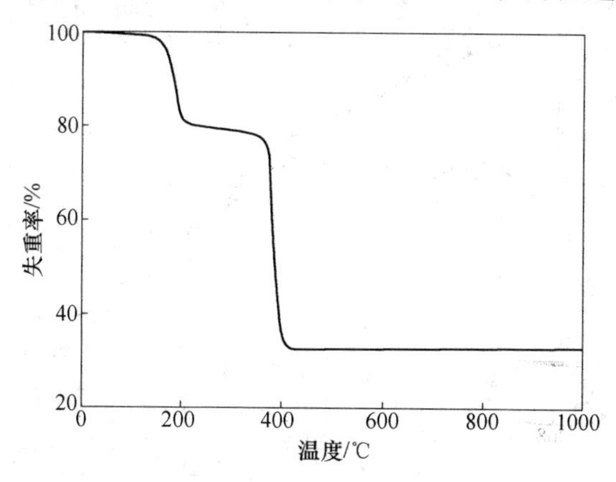

图 4-13 升温速率为 10K/min 时草酸钴在氩气气氛中的 TG 曲线

选取草酸钴第二阶段（即无水草酸钴热分解阶段）失重进行考察，考虑到当 α 小于0.1或 α 大于0.9时，反应处于诱导期和末期，不能全部反映反应的真实状态，从而给机理函数的判定带来不确定性，所以本书选择在两个相应阶段范围内转化率 α 在0.1～0.9之间的数据。采用抛物线插入方法可以计算出这些 α 对应的 T 值，以表4-5中序号6的Mample单行法则为例，根据Coats-Redfern方程式(4-26)进行计算，可得到动力学计算原始数据表，见表4-6。

表4-6　草酸钴在氩气气氛中热分解计算数据

α	$G(\alpha)$	$\ln\left[\frac{G(\alpha)}{T^2}\right]$	T	$\frac{1}{T}$
0.1	0.1054	−15.1842	643.613	0.001554
0.2	0.2231	−14.4522	649.382	0.00154
0.3	0.3567	−13.9901	651.714	0.001534
0.4	0.5108	−13.6391	654.355	0.001528
0.5	0.6931	−13.3388	655.982	0.001524
0.6	0.9162	−13.0678	658.61	0.001518
0.7	1.204	−12.804	661.703	0.001511
0.8	1.6094	−12.5259	665.712	0.001502
0.9	2.3026	−12.1837	671.057	0.00149

用 $\ln\left[\frac{G(\alpha)}{T^2}\right]$ 对 $\frac{1}{T}$ 作图，可得到相关拟合曲线如图4-14所示。

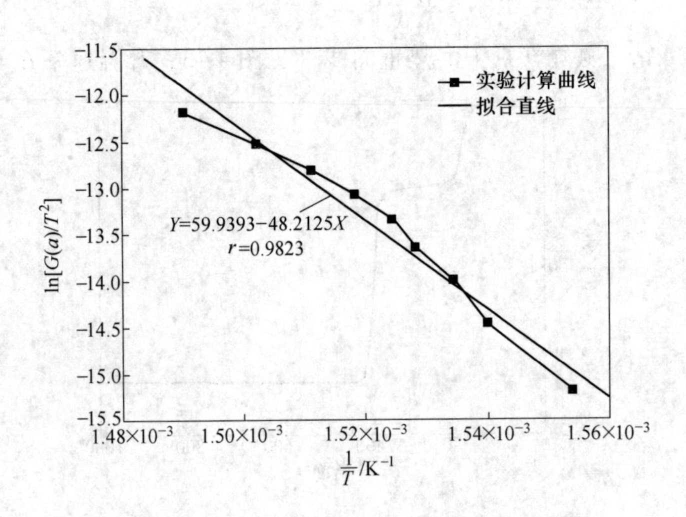

图4-14　Mample单行法则线性拟合分析图

由 Coats-Redfern 式可知，Mample 单行法则满足 $-\frac{E}{RT}=-48.2125\times\frac{1000}{T}$。由此可得表观活化能 E 为 400.84kJ/mol。同理可拟合得到其他反应机理函数的活化能，其中拟合得到的相关系数绝对值接近于 1 的函数可能为所求的机理函数。表 4-7 列出了相关性较好的机理函数以及根据拟合直线的斜率算出的对应表观活化能值。

表 4-7 草酸钴在氩气气氛中热分解数据回归分析结果

机理函数 $G(\alpha)$	相关系数 r	表观活化能 $E/\mathrm{kJ\cdot mol^{-1}}$
α^2	0.9460	568.78
$\alpha+(1-\alpha)\ln(1-\alpha)$	0.9588	634.66
$(1-2\alpha/3)-(1-\alpha)^{2/3}$	0.9639	662.65
$[1-(1-\alpha)^{1/3}]^2$	0.9726	719.95
$[(1+\alpha)^{1/3}-1]^2$	0.9385	512.42
$-\ln(1-\alpha)$	0.9823	400.84
$[-\ln(1-\alpha)]^{2/3}$	0.9817	263.60
$[-\ln(1-\alpha)]^{1/2}$	0.9812	194.97
$[-\ln(1-\alpha)]^{1/3}$	0.9801	126.35
α	0.9440	278.98
$\alpha^{1/2}$	0.9397	134.00
$\alpha^{1/3}$	0.9348	85.70
$\alpha^{1/4}$	0.9294	61.53
$(1-\alpha)^{-1/2}$	0.9634	137.11
$(1-\alpha)^{-1}$	0.9660	285.16
$1-(1-\alpha)^{1/2}$	0.9655	333.54
$1-(1-\alpha)^{1/3}$	0.9717	354.51

从表 4-7 所列出的计算结果可以知道，各种不同的机理函数所得到的活化能差异较大，不能确定草酸钴在惰性气氛中热分解的反应机理函数 $F(\alpha)$，还需与差热分析计算得到的表观活化能结果结合才能得到最终的准确判断。

4.4.2.2 求解表观活化能和指前因子

不同升温速率下，草酸钴在氩气气氛中热分解所得的 DSC 曲线如图 4-15 所示。从图可得到升温速率 β 分别为 5K/min、10K/min、20K/min、30K/min、

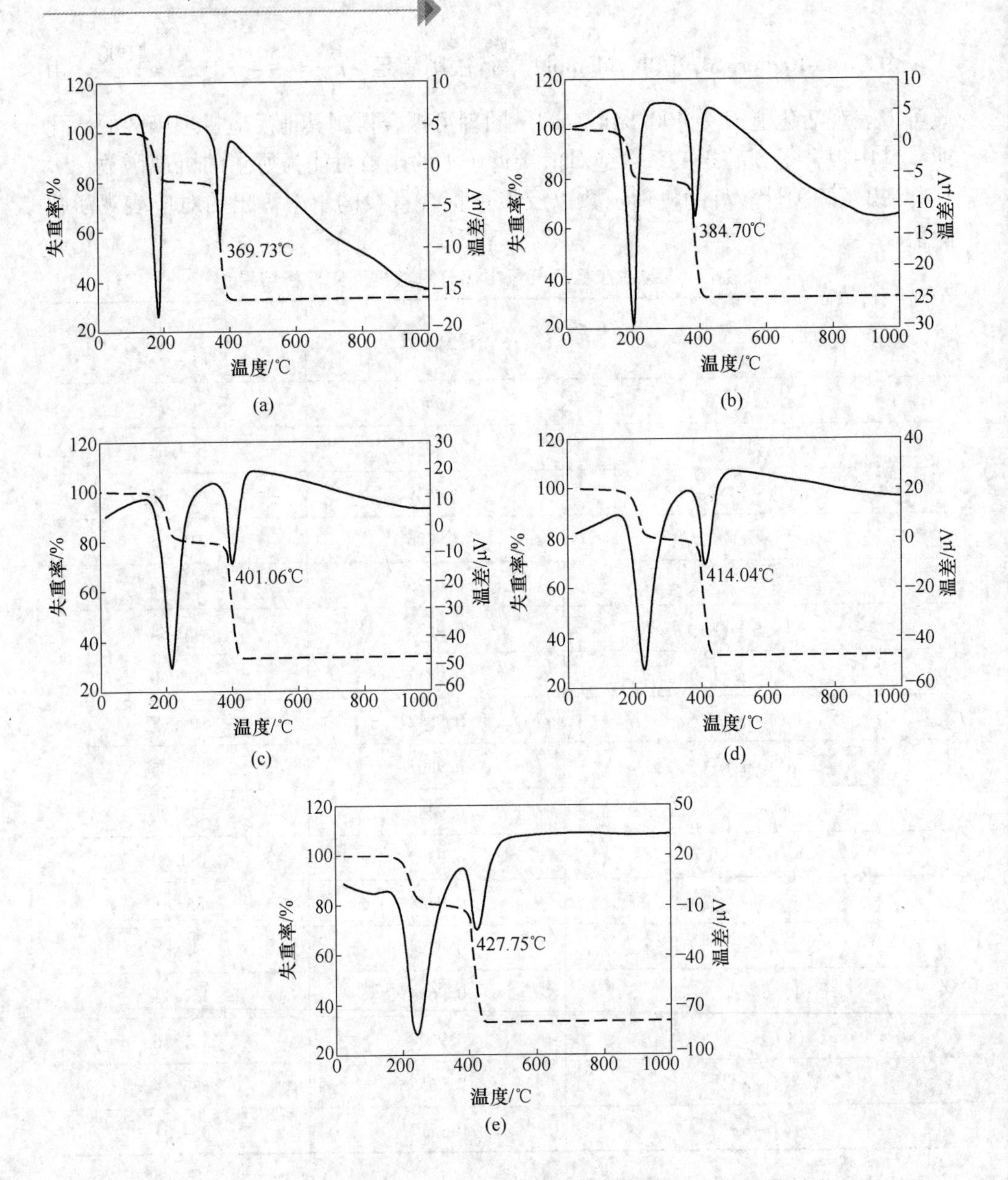

图 4-15 草酸钴在氩气气氛中热分解 DSC 曲线

(a) 升温速率为 5K/min；(b) 升温速率为 10K/min；(c) 升温速率为 20K/min；(d) 升温速率为 30K/min；(e) 升温速率为 40K/min

40K/min 时的各峰顶温度 T_m，结合 Ozawa 法与 Kissinger 法所需数据列于表 4-8。

根据表 4-8 中数据，应用 Ozawa 法，将草酸钴在惰性气氛中热分解的 $\lg\beta$ 对 $1/T_m$ 作图，得到图 4-16。

表 4-8 草酸钴在氩气气氛中 DSC 分析数据

β/K · min^{-1}	T/K	$1/T_m$	lgβ	ln (β/T_m^2)
5	642.88	1.5555×10^{-3}	0.6990	−11.3226
10	657.85	1.5201×10^{-3}	1.0000	−10.6754
20	674.21	1.4832×10^{-3}	1.3010	−10.0314
30	687.19	1.4552×10^{-3}	1.4771	−9.6640
40	700.9	1.4267×10^{-3}	1.6021	−9.4159

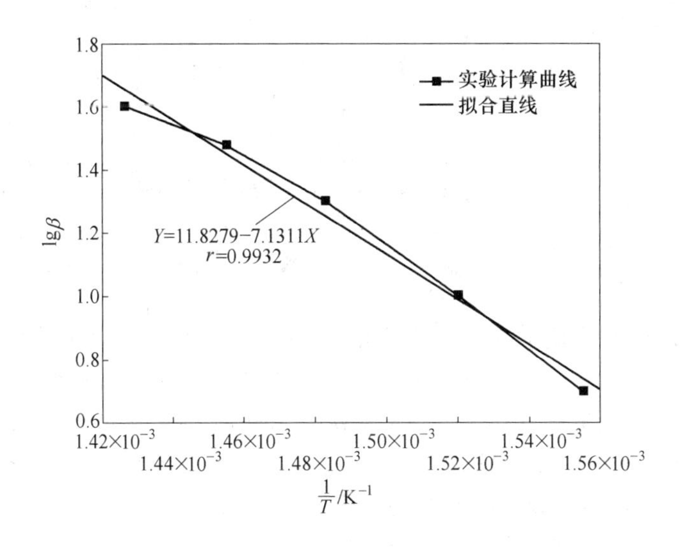

图 4-16 氩气气氛 Ozawa 法线性拟合分析图

通过对图 4-16 所得的计算曲线进行线性拟合，得到如图 4-16 所示的拟合直线，由 Ozawa 方程式可以得到 $-0.4567\dfrac{E}{RT}=-7.1311\times\dfrac{1000}{T}$。由此可解得草酸钴在惰性气氛中热分解为金属钴的热分解反应表观活化能 E 为 129.82kJ/mol。

根据表 4-8 中数据，应用 Kissinger 法，将草酸钴在惰性气氛中热分解的 $\ln(\beta/T_m^2)$ 对 $1/T_m$ 作图，得到图 4-17。

通过对图 4-17 所得的计算曲线进行线性拟合，得到如图 4-17 所示的拟合直线，由 Kissinger 方程式可以得到 $-\dfrac{E}{RT}=-15.0794\times\dfrac{1000}{T}$。由此可解得草酸钴在惰性气氛中热分解为金属钴的热分解反应表观活化能 E 为 125.37kJ/mol。同时，由 Kissinger 方程式还可以得到 $\ln\left(\dfrac{AR}{E}\right)=12.2184$，由此解得指前因子 A 为 $3.0533\times10^9 s^{-1}$。

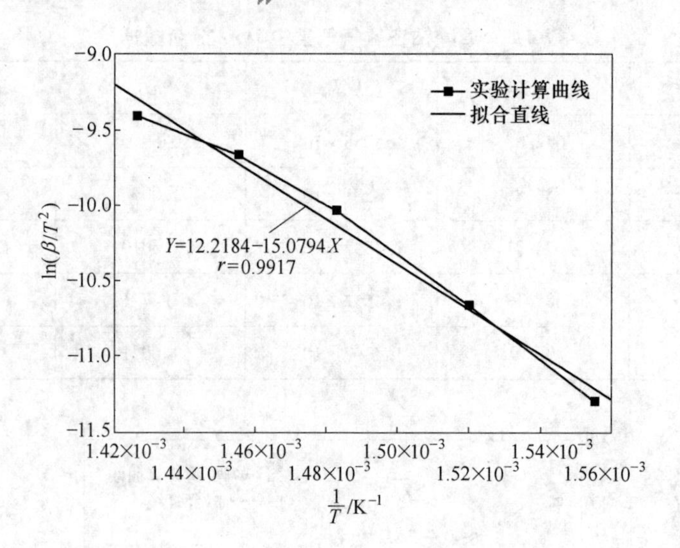

图 4-17 氩气气氛 Kissinger 法线性拟合分析图

4.4.2.3 反应机理函数确定

将多重扫描速率法 Ozawa 法求得的表观活化能 129.82kJ/mol 以及 Kissinger 法求得的表观活化能 125.37kJ/mol，与采用单个扫描速率法得到的结果（见表 4-7）进行符合性比较，可以发现，Ozawa 法和 Kissinger 法得到的表观活化能最接近于 Avrami-Erofeev 方程解得的数据，故认为序号为 9 的随机成核和随后生长机理为草酸钴在热分解反应时对应的机理。

该动力学反应机理的微分、积分式分别为：

$$f(\alpha) = 3(1 - \alpha)[-\ln(1 - \alpha)]^{\frac{2}{3}}$$

和

$$G(\alpha) = [-\ln(1 - \alpha)]^{\frac{1}{3}}$$

4.4.3 空气气氛下热分解行为动力学分析

4.4.3.1 反应机理初步拟合

从上一节的热力学分析可知，草酸钴在氧化性气氛下的热分解分为三个阶段，根据草酸钴在空气气氛中的热重曲线（见图 4-18，升温速率 β = 10K/min），分别选取草酸钴第二阶段（即无水草酸钴分解生成 Co_3O_4 阶段）失重和第三阶段失重（即 Co_3O_4 进一步分解生成 CoO 阶段）进行考察，选择失重率 α 在 0.1 ~ 0.9 之间的数据。采用抛物线插入方法可以计算出这些 α 对应的 T 值，见表 4-9。

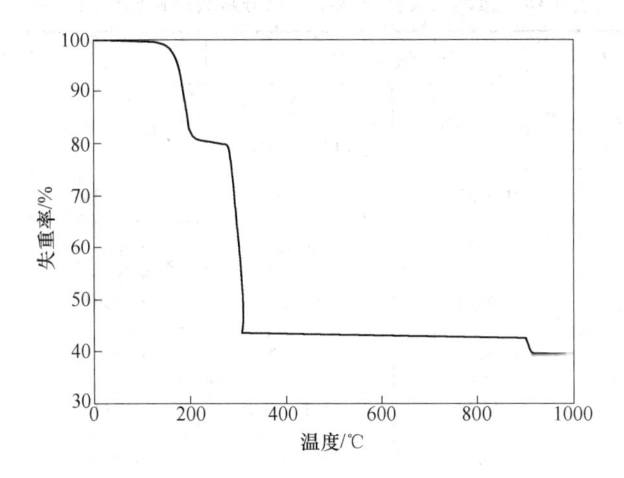

图 4-18 升温速率为 10K/min 时草酸钴在空气中的 TG 曲线

表 4-9 草酸钴在空气气氛中热分解热重分析数据

第二阶段失重		第三阶段失重	
α/%	T/K	α/%	T/K
10	557.724	10	1176.998
20	561.866	20	1178.097
30	565.929	30	1179.096
40	570.012	40	1179.989
50	573.683	50	1180.851
60	576.935	60	1181.676
70	579.948	70	1182.627
80	582.382	80	1183.654
90	584.299	90	1184.982

根据 Coats-Redfern 方程（4-26），选取表 4-5 中常见的 17 种动力学积分函数表达式 $G(\alpha)$，代入表 4-9 中的数据，求出 $G(\alpha)$，用 $\ln[G(\alpha)/T^2]$ 对 $1/T$ 作图，应用计算机程序对所求得数据进行线性回归，其中拟合得到的相关系数绝对值接近于 1 的函数可能为所求的机理函数。表 4-10 列出了相关性较好的机理函数以及根据拟合直线的斜率算出的对应表观活化能值。

表 4-10　草酸钴在空气气氛中热分解数据回归分析结果

机理函数 $G(\alpha)$	第二阶段失重		第三阶段失重	
	相关系数 r	表观活化能 E /kJ · mol^{-1}	相关系数 r	表观活化能 E /kJ · mol^{-1}
α^2	0.9787	400.86	0.9525	6041.28
$\alpha+(1-\alpha)\ln(1-\alpha)$	0.9857	440.64	0.9647	6726.03
$(1-2\alpha/3)-(1-\alpha)^{2/3}$	0.9879	462.99	0.9694	7019.43
$[1-(1-\alpha)^{1/3}]^2$	0.9911	500.35	0.9773	7614.54
$[(1+\alpha)^{1/3}-1]^2$	0.9732	361.76	0.9448	5448.80
$-\ln(1-\alpha)$	0.9929	275.47	0.9864	4278.13
$[-\ln(1-\alpha)]^{2/3}$	0.9927	180.48	0.9863	2845.55
$[-\ln(1-\alpha)]^{1/2}$	0.9924	132.99	0.9863	2129.26
$[-\ln(1-\alpha)]^{1/3}$	0.9918	86.33	0.9861	1412.96
α	0.9777	195.68	0.9522	3010.82
$\alpha^{1/2}$	0.9754	93.09	0.9516	1495.61
$\alpha^{1/3}$	0.9727	58.90	0.9510	990.51
$\alpha^{1/4}$	0.9696	41.80	0.9504	737.98
$(1-\alpha)^{-1/2}$	0.8951	86.03	0.9634	1514.01
$(1-\alpha)^{-1}$	0.9042	181.55	0.9639	3047.66
$1-(1-\alpha)^{1/2}$	0.9885	231.73	0.9717	3579.64
$1-(1-\alpha)^{1/3}$	0.9907	245.42	0.9772	3797.45

表 4-10 所列结果还不能完全确定草酸钴在空气中热分解的反应机理，需跟差热分析计算得到的表观活化能结果结合才能得到最终的准确判断。

4.4.3.2　求解表观活化能和指前因子

不同升温速率下，草酸钴在空气气氛中热分解的所得的 DSC 曲线如图 4-19 所示。从图可得到升温速率 β 分别为 5K/min、10K/min、20K/min、30K/min、40K/min 时的各峰顶温度 T_m，结合 Ozawa 法与 Kissinger 法所需数据列于表 4-11。

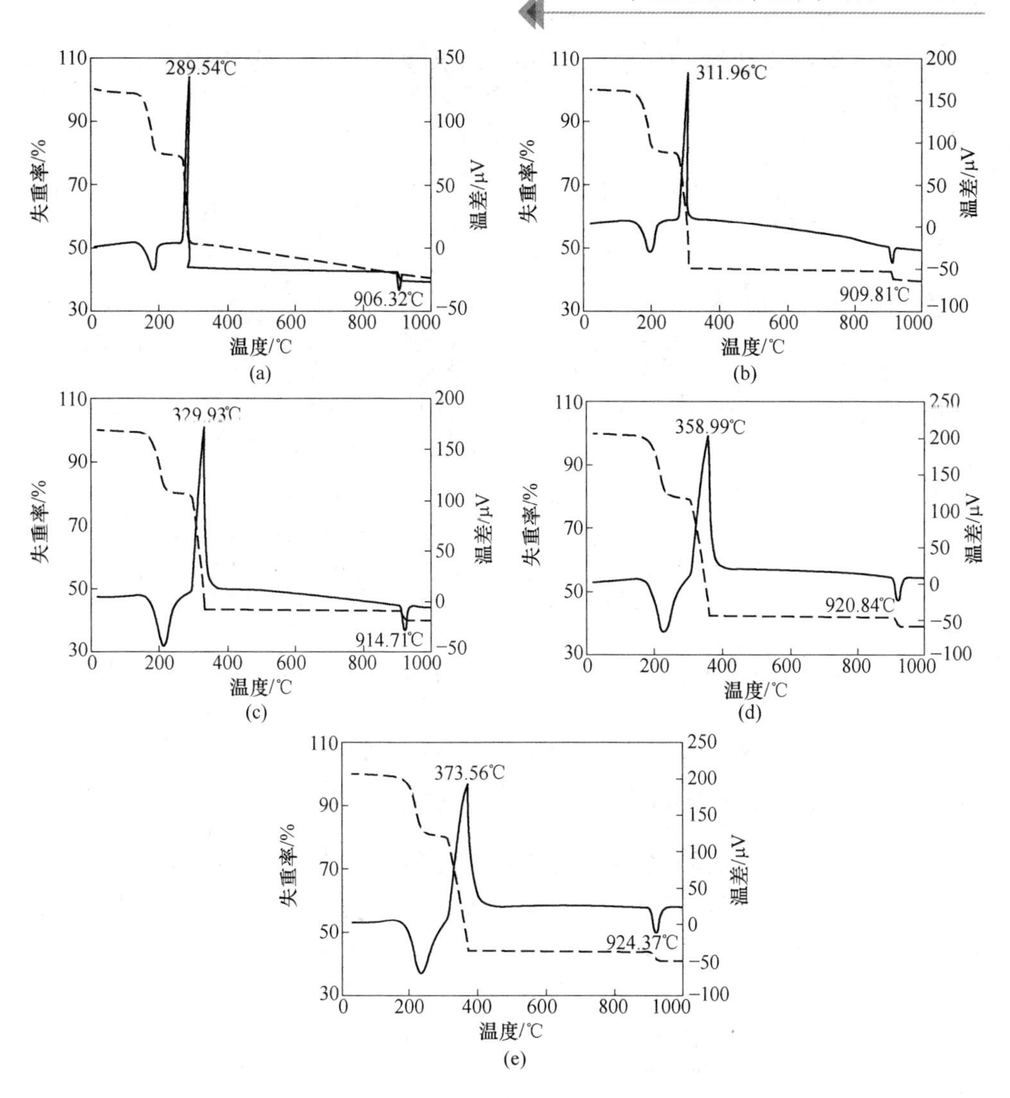

图 4-19 草酸钴在空气气氛中热分解 DSC 曲线

(a) 升温速率为 5K/min；(b) 升温速率为 10K/min；(c) 升温速率为 20K/min；
(d) 升温速率为 30K/min；(e) 升温速率为 40K/min

表 4-11 草酸钴在空气气氛中分解为 Co_3O_4 的 DSC 分析数据

β/K · min^{-1}	T/K	$1/T_m$	lgβ	ln (β/T_m^2)
5	562.69	1.7772×10^{-3}	0.6990	-11.0560
10	585.11	1.7091×10^{-3}	1.0000	-10.4410
20	603.08	1.6582×10^{-3}	1.3010	-9.8084
30	632.14	1.5819×10^{-3}	1.4771	-9.4970
40	646.71	1.5463×10^{-3}	1.6021	-9.2549

根据表4-11中数据，应用Ozawa法，将草酸钴在空气中热分解的$\lg\beta$对$1/T_m$作图，得到图4-20。

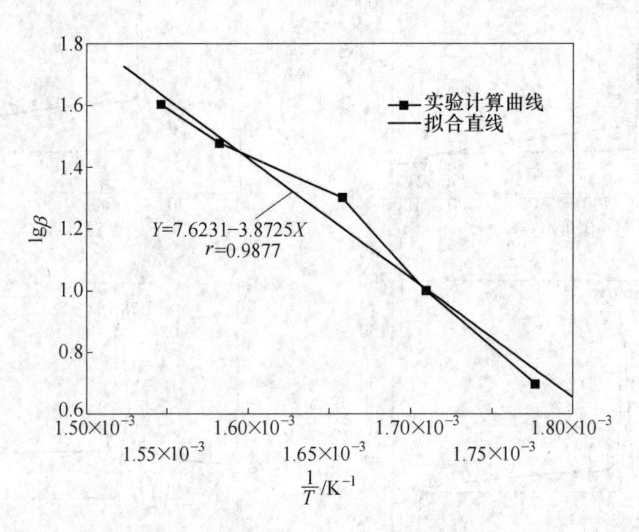

图4-20 草酸钴在空气气氛中分解为Co_3O_4的Ozawa线性拟合分析图

通过对图4-20的计算曲线进行线性拟合，得到如图4-20所示的拟合直线，由Ozawa方程式可以得到$-0.4567\dfrac{E}{RT}=-3.8725\times\dfrac{1000}{T}$。由此可解得草酸钴在惰性气氛中热分解为金属钴的热分解反应表观活化能E为70.5kJ/mol。

根据表4-11中数据，应用Kissinger法，将草酸钴在空气中热分解的$\ln(\beta/T_m^2)$对$1/T_m$作图，得到图4-21。

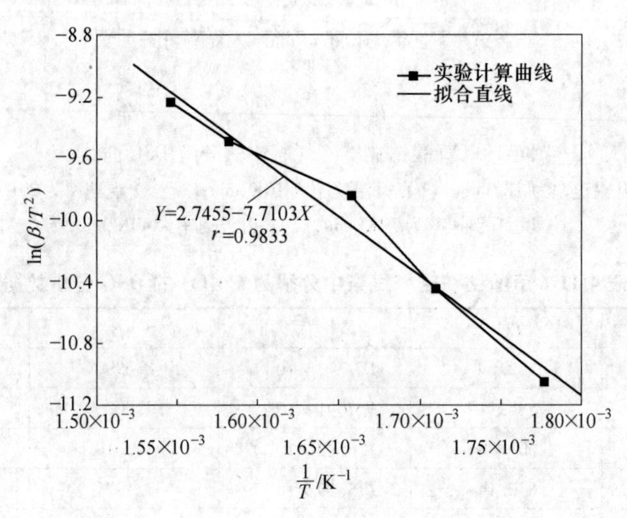

图4-21 草酸钴在空气气氛中分解为Co_3O_4的Kissinger线性拟合分析图

通过对图 4-21 的计算曲线进行线性拟合，得到如图 4-21 所示的拟合直线，由 Kissinger 方程式可以得到 $-\frac{E}{RT} = -7.7103 \times \frac{1000}{T}$。由此可解得草酸钴在空气气氛中热分解为 Co_3O_4 的热分解反应表观活化能 E 为 64.11kJ/mol。同时，由 Kissinger 方程式还可以得到 $\ln\left(\frac{AR}{E}\right) = 2.7455$，由此解得指前因子 A 为 $1.2008 \times 10^5 s^{-1}$。

在高温热分解生成 CoO 的分析过程中，同样采用上述方法，动力学计算所需相关数据见表 4-12。

表 4-12 草酸钴在空气气氛中分解为 CoO 的 DSC 分析数据

β/K · min^{-1}	T/K	$1000/T_m$	$\lg\beta$	$\ln(\beta/T_m^2)$
5	1179.47	0.84784	0.6990	−12.5362
10	1182.96	0.84534	1.0000	−11.849
20	1187.86	0.84185	1.3010	−11.1641
30	1193.99	0.83753	1.4771	−10.7689
40	1197.52	0.83506	1.6021	−10.4871

根据表 4-12 中数据，应用 Ozawa 法，将草酸钴在空气中热分解的 $\lg\beta$ 对 $1/T_m$ 作图，得到图 4-22。

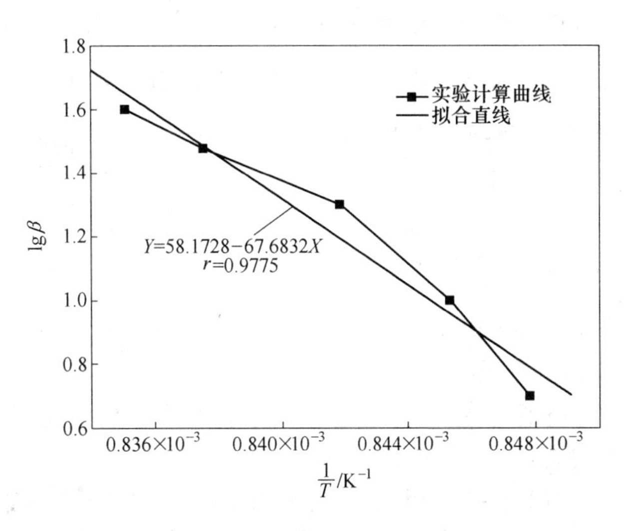

图 4-22 Ozawa 法求草酸钴在空气气氛中热分解反应表观活化能

通过对图 4-22 的计算曲线进行线性拟合，得到如图 4-22 所示的拟合直线，由 Ozawa 方程式可以得到 $-0.4567\dfrac{E}{RT}=-67.6832\times\dfrac{1000}{T}$。由此可解得 Co_3O_4 在空气气氛中热分解为 CoO 的热分解反应表观活化能 E 为 1232.14kJ/mol。

根据表 4-12 中数据，应用 Kissinger 法，将 Co_3O_4 在空气中热分解的 $\ln(\beta/T_m^2)$ 对 $1/T_m$ 作图，得到图 4-23。

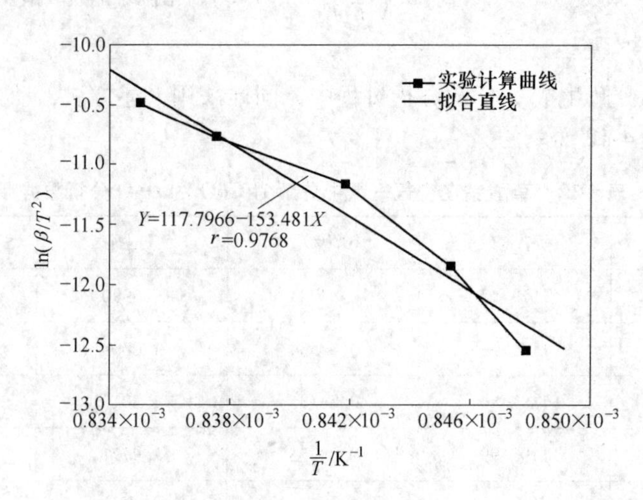

图 4-23 Kissinger 法求草酸钴在空气气氛中热分解反应表观活化能

通过对图 4-23 的计算曲线进行线性拟合，得到如图 4-23 所示的拟合直线，由 Kissinger 方程式可以得到 $-\dfrac{E}{RT}=-153.481\times\dfrac{1000}{T}$。由此可解得草酸钴在空气气氛中热分解为 Co_3O_4 的热分解反应表观活化能 E 为 1276.04kJ/mol。同时，由 Kissinger 方程式还可以得到 $\ln\left(\dfrac{AR}{E}\right)=117.7966$，由此解得指前因子 A 为 $2.2103\times10^{56}s^{-1}$。

4.4.3.3 反应机理函数确定

对无水草酸钴在空气气氛中热分解反应的两个阶段进行多重扫描速率法研究后可得知：在生成 Co_3O_4 的阶段，将 Ozawa 法求得的表观活化能 70.5kJ/mol 以及 Kissinger 法求的表观活化能 64.11kJ/mol，与采用单个扫描速率法得到的结果（见表 4-7）进行符合性比较，可以发现，Ozawa 法和 Kissinger 法得到的表观活化能与序号为 9、11、12、14 的函数模型计算的结果较为接近，结合各机理函数拟合直线的相关系数可知，序号为 9 的机理函数相关系数最接近 1。同样，在生成 CoO 的高温热分解阶段，将多重扫描速率法 Ozawa 法求得的表观活化能 1232.14kJ/mol 以及 Kissinger 法求的表观活化能 1276.04kJ/mol，与采用单个扫描速率法得到的结果（见表4-10）进行符合性比较，可以发现，Ozawa 法和 Kissinger 法得到的表观活化能与序号为 9、11 的函数模型计算的结果较为接近，结合各机理函数拟合直线的相关系数可知，序号为 9 的机理函数相关系数最接近 1。

因此，本书认为序号为 9 的随机成核和随后生长机理为草酸钴在热分解反应中对应的机理。该动力学反应机理的微分、积分式分别为：

$$f(\alpha) = 3(1-\alpha)[-\ln(1-\alpha)]^{\frac{2}{3}}$$

和

$$G(\alpha) = [-\ln(1-\alpha)]^{\frac{1}{3}}$$

4.5 本章小结

对无氨草酸沉淀得到的草酸钴粉末进行了洗涤、干燥、热分解研究，着重研究了草酸钴分别在氩气气氛下和空气气氛下的热分解热力学和动力学机理。对草酸钴热分解行为从热力学方面进行了验证，并采用热分析技术，推断出草酸钴分别在惰性气氛下和氧化性气氛下的热分解机理函数、表观活化能和频率因子动力学参数。主要结论如下：

（1）通过对草酸钴沉淀前驱体的洗涤干燥行为研究，发现乙醇洗涤对于长柱状簇球团聚无明显改善，而外加超声力场进行洗涤将可适当提高草酸钴的分散性并降低粉末粒度。

（2）通过分别对草酸钴在惰性气氛中和氧化性气氛热分解行为的热力学分析表明，在氩气等惰性气氛中，草酸钴的分解产物为金属钴；而在空气等氧化性气氛中，草酸钴在温度低于 700℃时的分解产物为 Co_3O_4。DSC-TGA 实验分析证明，草酸钴在氩气气氛下的热分解产物为金属钴，分解温度为 350～420℃；在空气气氛下，草酸钴在 290～320℃分解生成 Co_3O_4，之后在 890～920℃，Co_3O_4 分解形成 CoO。

（3）通过分别对草酸钴在惰性气氛中和氧化性气氛中热分解行为的热分析动力学研究，推断出草酸钴在惰性气氛中和氧化性气氛中的热分解机理函数 $F(\alpha)$都为$[-\ln(1-\alpha)]^{1/3}$，服从 Avrami Erofeev 成核和生长（$n=3$）法则。用 Ozawa 法和 Kissinger 法推算出的草酸钴在惰性气氛中的热分解金属钴反应表观活化能非常相近，分别为 129.82kJ/mol 和 125.37kJ/mol，指前因子为 $3.0533\times10^9 s^{-1}$；用 Ozawa 法和 Kissinger 法推算出草酸钴在空气气氛中生成 Co_3O_4 的热分解反应表观活化能分别为 70.5kJ/mol 和 64.11kJ/mol，指前因子为 $1.2008\times10^5 s^{-1}$；用 Ozawa 法和 Kissinger 法推算出草酸钴在空气气氛中生成 CoO 的反应表观活化能分别为 1232.14kJ/mol 和 1276.04kJ/mol，指前因子为 $2.2103\times10^{56} s^{-1}$。

5 草酸钴沉淀母液中草酸选择萃取研究

5.1 引言

采用化学沉淀—热分解法制备钴氧化物的工艺不仅可以避免传统草酸钴生产工艺中大量含氨废水的产生，而且可制备出物理性能良好的氧化钴。同时，伴随反应生成的大量盐酸既可返回含钴原料的浸出工序，也可直接用于 P507 反萃钴，从而节约生产成本并可改善环境[164]。为了有效提高钴的沉淀率，实验中加入了过量的草酸，导致母液中含有一定量的草酸剩余。含草酸母液如果直接返回用于浸出，将形成草酸盐沉淀，降低有价金属的浸出率，如果返回用于萃取体系反萃钴，势必在萃取槽中形成钴的草酸盐，容易产生第三相，从而破坏萃取体系。所以在循环利用前必须将草酸从含大量盐酸的母液中予以分离，这也是无氨草酸沉钴—热分解法制备钴氧化物得以有效应用的关键[165]。

目前常见的含草酸溶液的处理方法主要有氧化法和沉淀法。氧化法是利用臭氧[166~169]、氯气[170]和高锰酸钾[171]等强氧化剂，将草酸氧化成水和二氧化碳而除去的一种方法。该方法流程短、操作简单、成本低，适合一些要求不高的中小型企业采用，但该法氧化率不高，并且过量强氧化剂如高锰酸钾或氯气的加入将给待处理稀溶液引入新的杂质，而且强氧化剂很容易污染环境。沉淀法是利用一些草酸盐如草酸铅[172~174]、草酸钙[175,176]等溶度积小的特性，将溶液中的草酸转化成难溶的草酸盐沉淀而分离，然后将草酸盐沉淀加入硫酸溶液中再次转化成草酸。这是一种价格相对较为低廉的方法。通常情况下，加入氯化钙或者氢氧化钙就可以满足条件。但是要想获得良好的沉淀率，必须加入过量的沉淀剂，这样也会导致溶液中引入新的杂质[177]。尤其当加入铅盐时，不仅仅容易引入新的杂质，而且会污染溶液，进而污染环境。

由于本书探讨的是一个比较特殊的含草酸溶液体系，溶液中同时还含有大量的盐酸，因此如果采用沉淀法，势必要在溶液中加入过量的钙盐或者铅盐，不仅会引入新的杂质离子，还会在溶液中残留大量的草酸根离子；氧化法同样会引入新的杂质离子，由于草酸的氧化分解率通常不超过 90%，因此同样存在处理不彻底的问题。

因此，本书提出采用配合萃取工艺处理草酸沉钴母液。采用萃取工艺可克服氧化法和沉淀法无法将草酸彻底去除的缺点，同时避免引入新的杂质离子，不仅使无氨草酸沉钴新工艺得以有效应用，而且能够回收沉钴过程中加入的过量草酸，同时生产过程中产生的大量盐酸可以返回浸出工序，真正实现整个生产流程的闭路循环，达到清洁生产及物质循环利用目的。本书旨在通过实验验证萃取法分离草酸钴沉淀母液的可行性，进而使无氨草酸沉钴工艺更具备环保性、完整性和循环性。

5.2 萃取体系的筛选

配合萃取溶剂体系一般由配合剂和稀释剂组成，有时也包括助溶剂。广义的萃取剂指整个配合萃取溶剂体系，而狭义的萃取剂专指配合剂。配合剂应该具有特殊的官能团。配合萃取的分离对象一般是带 Lewis 酸或 Lewis 碱官能团的极性有机物，配合剂则应具有相应的官能团，参与和待萃取物质的反应，且与待分离溶质的化学作用键能应具有一定大小，便于形成萃合物，实现相转移。同时，配合剂应具有良好的选择性，且在配合萃取过程中无其他副反应。稀释剂的主要作用是调节形成的混合萃取剂的黏度、密度以及界面张力等参数，使液-液萃取过程便于实施[178]。选择适当的配合剂和稀释剂，优化配合萃取剂的各组分的配比是配合萃取法得以实施的重要环节。

由于该溶液体系中同时含有盐酸和草酸，用酸性萃取剂并不能将两者分离，因此只能选择中性含膦类萃取剂或者胺类萃取剂。目前文献报道配合萃取草酸绝大部分都是采用胺类萃取剂[179~184]，它们在一定的条件下对草酸的萃取效果良好。但是如果用在萃取沉钴母液当中，则不仅会萃取草酸，同样也会将盐酸萃取出，甚至可以将母液中存在的钴以配合物的形式萃取到有机相中。

本书选用胺类萃取剂三辛基叔胺（N235）进行定性探索实验发现，萃取剂 N235 由黄色变为绿色，水相底部出现少量粉红色沉淀，且有机相和水相分层缓慢并出现了第三相，说明胺类萃取剂不仅将草酸萃入到有机相中，而且还把盐酸和钴-氯配合物萃入到有机相中，最终溶液中剩余的钴离子和草酸根离子再次配合生成草酸钴沉淀。实验表明胺类萃取剂不适合草酸沉钴母液的萃取操作。

本书选择中性含磷萃取剂甲基膦酸二甲庚酯（简称 P350），P350 萃取剂相对分子质量为 319.4，沸点为 120 ~ 122℃，密度为 0.9153g/cm^3，在水中溶解度（25℃）为 0.14g/L，该萃取剂起作用的官能团为磷酰基（$\equiv P=O$）。分子式为

$$\begin{array}{l}CH_3\underset{\substack{\|\\ O}}{P}(O\underset{\substack{|\\ CH_3}}{C}H—C_6H_{13})_2\end{array}$$

作为中性含磷萃取剂，P350 萃取剂具有中性配合萃取体系的一些主要特点[185~187]，如：被萃取物以中性无机化合物的形式被萃入有机相，但是被萃取物在水相中以简单离子或配离子的形式存在；萃取剂在水相和有机相中都不离解，以中性分子形式参加萃取反应；在萃取过程中，被萃取物与萃取剂发生化学结

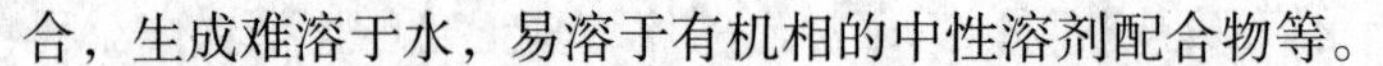

合，生成难溶于水，易溶于有机相的中性溶剂配合物等。

目前工业上用P350从混合稀土中萃取分离镧[188]，实践表明这是一种十分有效的萃取剂，此外其还成功应用于铀的提取，铀、钍和稀土的分离等[189,190]；也有研究采用P350分离金、铂等贵金属[191]。分析化学上常用其萃取微量元素做光谱分析。

从萃取化学的角度来看，稀释剂必须能溶解配合剂和萃合物，具备在水相中溶解度小、表面张力低、黏度小，且有较高的闪点和较低的挥发性等特点，还要求稀释剂在操作条件下化学稳定性好。稀释剂可以分为惰性稀释剂和活性稀释剂两大类。惰性稀释剂主要是改善萃取有机相的物性，它本身无明显萃取作用；而后者则兼有改善萃取有机相物性和提高萃取能力的作用。根据以上要求，结合工业上经常采用的稀释剂，本书选择工业上广泛使用的磺化煤油作稀释剂。

5.3 萃取草酸机理研究

5.3.1 萃取草酸的相平衡描述

配合萃取也即可逆配合反应萃取，属于伴有化学反应的萃取过程。由于被萃取物质在水相和有机相中的形态不一致，因此，分配系数的计算必须考虑萃取反应平衡方程式[192]。P350-磺化煤油萃取草酸溶液（HOOCCOOH）的萃取反应平衡方程式可写为：

$$\mathrm{HOOCCOOH} + n\,\overline{\mathrm{P350}} \rightleftharpoons \overline{n\mathrm{P350}\cdot\mathrm{HOOCCOOH}} \tag{5-1}$$

式中，未带上划线的表示水相中的各组分，带有上划线的表示萃取相中的各组分。如果以下标1、2和3分别代表HOOCCOOH、$\overline{\mathrm{P350}}$和$\overline{n\mathrm{P350}\cdot\mathrm{HOOCCOOH}}$三种组分，各组分物质的量增量的关系为：

$$-\mathrm{d}n_1 = -\frac{1}{n}\mathrm{d}n_2 = \mathrm{d}n_3 \tag{5-2}$$

根据热力学基本原理，在等温等压的条件下，当两相达到平衡时，体系中Gibbs自由能变化应为零，即

$$\mathrm{d}G = 0 \tag{5-3}$$

按照Gibbs-Duhem定律，可以得出：

$$\sum \mu_i \mathrm{d}n_i = 0 \tag{5-4}$$

式中 n_i——体系中组分i的物质的量；

μ_i——组分i的化学位。

由式（5-3）和式（5-4）很容易导出：

$$\Sigma n_i \mathrm{d}\mu_i = 0 \tag{5-5}$$

将式（5-2）代入式（5-5）中可以得出：

$$\mu_3 - \mu_1 - n\mu_2 = 0 \tag{5-6}$$

其中

$$\mu_1 = \mu_1^{\ominus}(T) + RT\ln a_1,\quad \mu_2 = \mu_2^{\ominus}(T) + RT\ln a_2,\quad \mu_3 = \mu_3^{\ominus}(T) + RT\ln a_3 \tag{5-7}$$

即：
$$\Delta G = \mu_3^{\ominus}(T) + RT\ln a_3 - \mu_1^{\ominus}(T) - RT\ln a_1 - n\mu_2^{\ominus}(T) - RT\ln a_2^n \tag{5-8}$$

式（5-7）和式（5-8）中 $\mu^{\ominus}$ 是各组分相应的标准生成自由能。这样，萃取热力学平衡常数 K 可以用相应的活度表示。故 P350 萃取草酸的热力学平衡常数为：

$$K = \frac{a_3}{a_1 a_2^n} \tag{5-9}$$

萃取反应过程中标准生成自由能的变化可以由式（5-10）求出：

$$\Delta G^{\ominus} = \mu_3^{\ominus}(T) - \mu_1^{\ominus}(T) - n\mu_2^{\ominus}(T) = -RT\ln\frac{a_3}{a_1 a_2^n} = -RT\ln K \tag{5-10}$$

$$K = \frac{c_{\overline{\mathrm{HOOCCOOH}\cdot n\mathrm{P350}}}}{c_{\mathrm{HOOCCOOH}}c_{\overline{\mathrm{P350}}}^{n}} \tag{5-11}$$

采用质量作用定律分析方法[193]，由式（5-10）和式（5-11）可得表观平衡常数 K 和自由能的变化关系为：

$$\Delta G^{\ominus} = \mu_3^{\ominus}(T) - \mu_1^{\ominus}(T) - n\mu_2^{\ominus}(T) = -RT\ln\frac{c_{\overline{\mathrm{HOOCCOOH}\cdot n\mathrm{P350}}}}{c_{\mathrm{HOOCCOOH}}c_{\overline{\mathrm{P350}}}^{n}} = -RT\ln K \tag{5-12}$$

这样，通过实验测出各组分的平衡浓度，就可以得到表观萃取平衡常数，预测其他条件下的萃取平衡分配系数。

5.3.2 萃取草酸模型

以往的文献报道中[193]，通常假定配合萃取的反应过程发生在两相界面上。但实际上，由于稀释剂极性的差异以及稀释剂和配合剂之间的相互作用情况的不同，配合萃取的反应过程有可能发生在有机相本体内。由于磺化煤油为极性较弱的稀释剂，对非极性的草酸的物理萃取能力较弱，并且磺化煤油和配合剂 P350 之间的极性差异比较大，界面处的配合剂浓度将明显高于有机相本体内的浓度，此时可以假定配合萃取反应过程发生在两相界面中。以下将建立 P350 对草酸的

配合萃取模型。

考虑到萃取过程中会发生稀释剂磺化煤油对草酸的物理萃取：

$$\mathrm{HOOCCOOH} \overset{m}{\rightleftharpoons} \overline{\mathrm{HOOCCOOH}}$$

$$m = \frac{c_{\overline{\mathrm{HOOCCOOH}}}}{c_{\mathrm{HOOCCOOH}}} \tag{5-13}$$

式中 m——稀释剂对溶质的物理萃取分配系数。

根据分配系数的定义，结合上文中提及的相平衡描述，同时考虑配合萃取以及物理萃取过程，则体系的分配系数 D 为：

$$D = \frac{c_{\overline{\mathrm{HOOCCOOH}\cdot n\mathrm{P350}}} + c_{\overline{\mathrm{HOOCCOOH}}}}{c_{\mathrm{HOOCCOOH}} + c_{\mathrm{HOOCCOO^-}} + c_{\mathrm{C_2O_4^{2-}}}} \tag{5-14}$$

根据式（5-11）可得：

$$c_{\mathrm{HOOCCOOH}} c_{\mathrm{P350}}^{n} K = c_{\mathrm{HOOCCOOH}\cdot n\mathrm{P350}} \tag{5-15}$$

将式（5-13）及式（5-15）代入式（5-14）得：

$$D = \frac{c_{\mathrm{HOOCCOOH}} c_{\mathrm{P350}}^{n} K + m c_{\mathrm{HOOCCOOH}}}{c_{\mathrm{HOOCCOOH}} + c_{\mathrm{HOOCCOO^-}} + c_{\mathrm{C_2O_4^{2-}}}} \tag{5-16}$$

在水相中，草酸的离解平衡方式为：

$$\mathrm{HOOCCOOH} \overset{K_1}{\rightleftharpoons} \mathrm{HOOCCOO^-} + \mathrm{H^+}$$

$$\mathrm{HOOCCOO^-} \overset{K_2}{\rightleftharpoons} (\mathrm{OOCCOO})^{2-} + \mathrm{H^+}$$

$$K_1 = \frac{c_{\mathrm{HOOCCOO^-}} c_{\mathrm{H^+}}}{c_{\mathrm{HOOCCOOH}}} \tag{5-17}$$

$$K_2 = \frac{c_{(\mathrm{OOCCOO})^{2-}} c_{\mathrm{H^+}}}{c_{\mathrm{HOOCCOO^-}}} \tag{5-18}$$

根据式（5-16）、式（5-17）和式（5-18），得出

$$D = \frac{K c_{\overline{\mathrm{P350}}}^{n} + m}{(1 + 10^{\mathrm{pH}-\mathrm{p}K_1} + 10^{2\mathrm{pH}-\mathrm{p}K_2})} \tag{5-19}$$

式中，定义 $\mathrm{p}K_1 = -\lg K_1$，$\mathrm{p}K_2 = -\lg K_2$。

由 Gibbs-Helmhoze 公式可知络合萃取平衡常数 K 与温度 T 有关

$$K = \exp\left(-\frac{\Delta H}{RT} + C\right) \tag{5-20}$$

式中　ΔH——配合反应热，J/mol。

将式（5-20）代入式（5-19），可得：

$$D=\frac{\exp\left(-\frac{\Delta H}{RT}+C\right)c_{\overline{P350}}^{n}+m}{(1+10^{pH-pK_1}+10^{2pH-pK_2})} \tag{5-21}$$

式中　$c_{\overline{P350}}$——萃取平衡时有机相中 P350 的浓度，mol/L。

由于有机相体系中 P350 浓度远远大于待萃溶质草酸的浓度，故忽略草酸对 P350 浓度的影响，平衡分配系数模型可变为：

$$D=\frac{\exp\left(-\frac{\Delta H}{RT}+C\right)c_{\overline{P350},0}^{n}+m}{(1+10^{pH-pK_1}+10^{2pH-pK_2})} \tag{5-22}$$

式中　$c_{\overline{P350},0}$——P350 的初始浓度，mol/L。

式（5-22）即为配合萃取剂 P350 萃取草酸的平衡模型。

5.3.3　萃合物组成分析

从上述模型分析可知，求取萃取热力学平衡常数或表观萃取平衡常数，都必须确定萃取平衡反应方程式。此处的关键问题是确定被萃取物质在萃取相中的形态，即确定萃合物的组成。常用的研究方法有斜率法、等摩尔系列法、饱和萃取法、饱和容量法等，在这一分析过程中，有时往往需要几种方法的联合使用。本书采用最常用的斜率法确定 P350 萃取草酸的萃合物组成。

斜率法是用于确定萃合物组成的一种常用的方法。通过实验做出平衡分配系数与萃取体系中某一组分浓度之间的双对数关系线，求直线的斜率，即可得出反应萃取平衡方程式中的该组分的系数值。本书假设草酸和 P350 的萃合比为 1∶n（萃合物的组成比），则萃取平衡常数可以写为：

$$K=\frac{c_{\overline{HOOCCOOH\cdot nP350}}}{c_{HOOCCOOH}c_{\overline{P350}}^{n}}$$

由于磺化煤油对草酸的物理萃取量相对配合萃取草酸的量来讲非常少，可近似看为零，因此萃取平衡分配系数可以表示为：

$$D=\frac{c_{\overline{HOOCCOOH\cdot nP350}}}{c_{HOOCCOOH}+c_{HOOCCOO^-}+c_{C_2O_4^{2-}}} \tag{5-23}$$

那么，根据式（5-23）得

$$D=\frac{Kc_{\overline{P350}}^{n}}{(1+10^{pH-pK_1}+10^{2pH-pK_2})} \tag{5-24}$$

通过实验确定 P350 萃取草酸溶液的萃取平衡分配系数 D 和 P350 的平衡浓

度。对于草酸稀溶液可以假设萃取过程中自由 P350 的浓度保持不变。这样可以得出：

$$\lg D = n\lg c_{\mathrm{P350}} + A$$

式中　A——常数。

在盐酸浓度分别为 0.5mol/L 和 1.0mol/L 条件下，通过改变 P350 浓度得出的草酸在有机相和水相中不同的分配系数见表 5-1。

表 5-1　不同盐酸浓度下草酸的分配系数

序　号	初始 P350 浓度 /mol · L^{-1}	分配系数 (c_{HCl} = 0.5mol/L)	分配系数 (c_{HCl} = 1.0mol/L)
1	0.6420	—	0.4465
2	0.8560	0.4703	0.8393
3	0.9345	0.8209	1.3741
4	1.2841	1.2025	2.0394
5	1.4979	2.0091	—
6	1.7120	2.8158	—

通过计算，得到如图 5-1 所示的 $\lg D$-$\lg c_{\mathrm{P350}}$ 曲线。

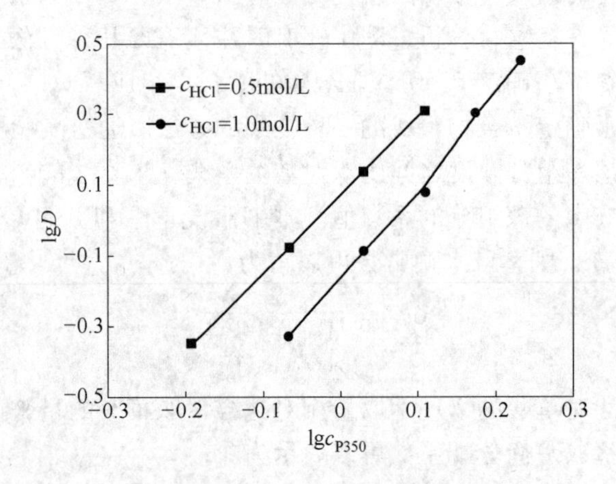

图 5-1　不同盐酸浓度下 $\lg c_{\mathrm{P350}}$ 与 $\lg D$ 的关系

从图 5-1 中两条线的斜率中得出萃合比 $n \approx 2$，所以 P350 和草酸的结合方式为：

$$\begin{array}{l}(\mathrm{RO})_2\text{—}\mathrm{P(CH_3)}\text{—}\mathrm{O\cdots H\text{—}OC{=}O} \\ \qquad\qquad\qquad\qquad\qquad\quad | \\ (\mathrm{RO})_2\text{—}\mathrm{P(CH_3)}\text{—}\mathrm{O\cdots H\text{—}OC{=}O}\end{array}$$

5.3.4 萃取草酸的作用机制

红外吸收光谱研究萃取机理目前使用比较广泛，不同的基团在红外光谱中有不同的频率，它不仅可以分析化合物的生成，而且可以确定键的性质。为了揭示草酸与有机相的作用机理，利用红外光谱测试研究了水溶液中和有机相中的草酸红外光谱图谱的变化规律。通过 P350 萃取草酸前后红外光谱图的变化（见图 5-2），可以判断两者的缔合机制。

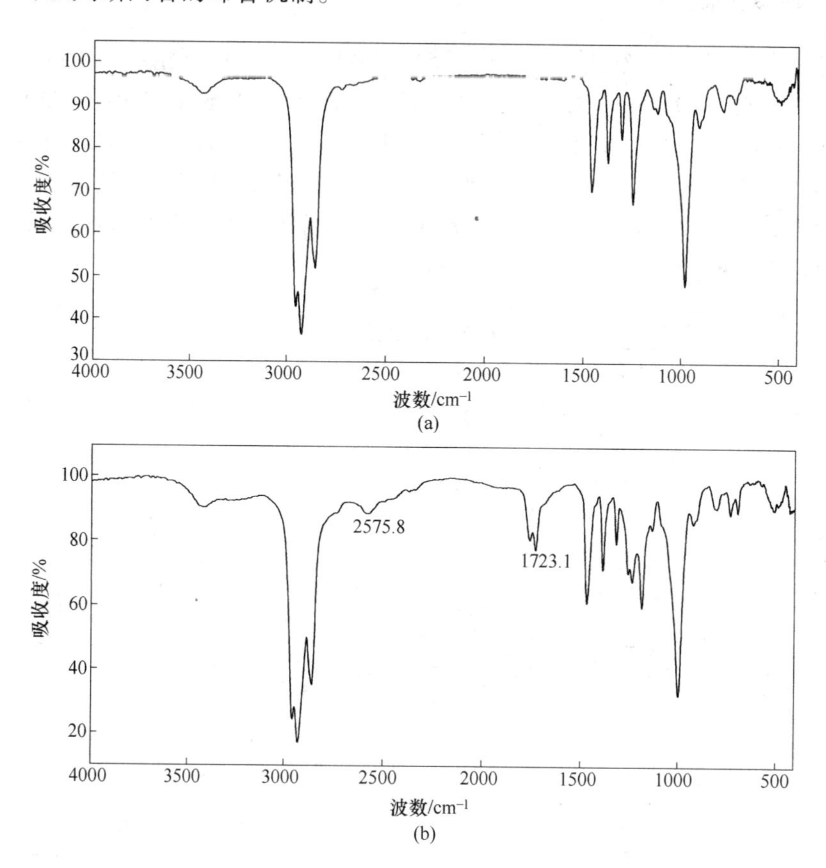

图 5-2 P350 萃取草酸前后的红外光谱

（a）空白有机相；（b）负载草酸有机相

根据各有机功能团的红外特征频率，对照热力学手册相关数据[194]，从图 5-2 可以得知，P350 萃取草酸前后，在 $1030cm^{-1}$处的 P—O—C 键的振动峰没有发生变化，表明不是 P—O—C 键与草酸结合。对比空白有机相可以发现，负载有机相 $1723.1cm^{-1}$处出现了 C ═O 特征峰，说明草酸已经被萃入到有机相中；同时在 $2575.8cm^{-1}$ 处出现了 P—OH 收缩振荡峰，表明 P350 萃取草酸后出现了

P—O—H的氢键作用。同时比较 P350 萃取草酸前后的 P ═O 特征峰振动频率，发现其振动频率减弱，由 1248.1cm^{-1}偏移到 1226.2cm^{-1}。

综合以上结果，不难得出，草酸被萃入到有机相中与 P350 配合，P350 中与草酸结合的是 P ═O 键，并且是以氢键结合。

5.4 单级萃取实验研究

5.4.1 萃取实验方案

将 P350 萃取剂（磺化煤油为稀释剂）和已知浓度的草酸溶液按照相比 1∶1 加入 150mL 分液漏斗中，放入康氏振荡器内振荡 5min 以使有机相和水相充分混合，便于草酸尽可能多地由水相进入有机相，并和 P350 发生配合反应。通过测量分配系数的变化和混合液的流动性来确定 P350 在有机相中的最佳百分含量。实验将考察不同母液的草酸浓度、钴浓度和酸度等因素对萃取过程的影响。实验属间歇操作过程，工艺流程如图 5-3 所示。

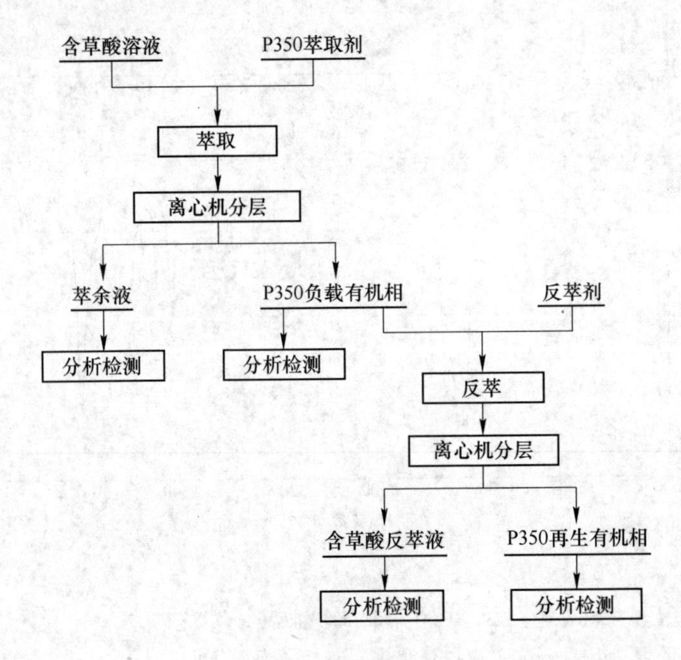

图 5-3 萃取实验流程

针对萃取后 P350 负载有机相开展反萃实验研究，通过比较选择采用 pH 值摆动效应来再生有机相，研究 pH 值对萃取乳化的影响和反萃率的影响，并通过对比实验选择出合理的再生剂。

本书采用硝酸铈铵滴定法确定草酸含量，采用酸碱滴定法确定盐酸浓度，采用电位滴定法滴定水相中钴含量。

5.4.2 萃取分配系数影响因素研究

5.4.2.1 萃取剂组成配比的影响

萃取剂组成配比系列实验主要是考察萃取剂组成配比（即 P350 所占体积分数）对萃取分配系数和分相效果的影响。实验条件：相比 $O/A=1.0$，水相中草酸初始浓度为 0.23mol/L，温度 $T=30$℃。实验结果如图 5-4 所示。

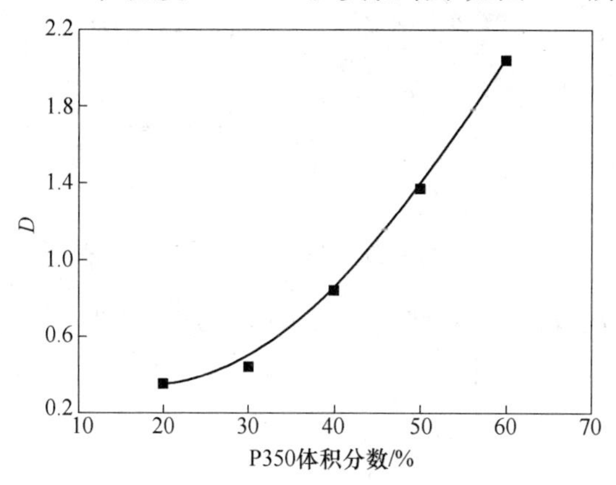

图 5-4　P350 体积分数对草酸分配系数的影响

从图 5-4 可知，随着 P350 体积分数的增加，P350 对草酸萃取的分配系数增加。浓度越高，分配系数增长趋势越明显。P350 体积分数为 60% 时的草酸分配系数约为 20% 时的 6 倍。所以从分配系数角度讲，P350 体积分数越大，效果越好。在实验研究中发现，P350 在有机相中的体积分数越高，则有机相的黏度越大，分相也越困难。当 P350 体积分数大于 60% 时，可以明显看出分层速度非常慢，当体积含量大于 70% 时，出现第三相乳化层，静置 24h 才可以完全分离。

综合分配系数和分层效果，在 50% 的体积分数条件下既能保证分配系数高，又能保证分层速度快，萃取流动性能好，因此试验过程中确定 P350 体积分数为 50%。

5.4.2.2 萃取时间的影响

萃取平衡时间越短，说明配合越快，草酸越容易被萃取到有机相中，从而越容易工业实践。在确定了 P350 和磺化煤油配比的情况下，首先要考察 P350 萃取草酸的平衡时间。在萃取条件 50% P350，$O/A=1.0$，草酸浓度 0.23mol/L，温度 30℃下，不同时间的分配系数如图 5-5 所示。

从图 5-5 可以看出，在 4min 时，P350 萃取草酸的分配系数达到 1.3，已经趋于平衡；在 5min 时取样分析，分配系数达到 1.3741，并且在 6 ~ 9min 时间内，

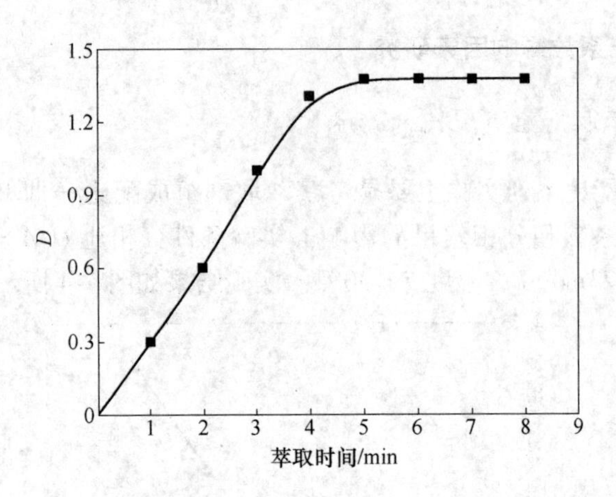

图 5-5 萃取时间对草酸分配系数的影响

每隔 1min 取样进行分析，分配系数基本上没有发生变化。分析表明，当萃取时间为 5min 时，萃取反应达到平衡。

5.4.2.3 母液草酸浓度的影响

母液草酸浓度是影响分配系数的另一项重要工艺参数。实验考察了不同母液草酸浓度对草酸分配系数的影响。实验条件：$O/A=1.0$，温度 30℃，萃取时间 5min。草酸在有机相和水相中的平衡浓度见表 5-2。

表 5-2 母液草酸浓度对萃后各相草酸浓度的影响 (mol/L)

序 号	初始草酸浓度	P350 负载草酸浓度	萃余液草酸浓度
1	0.1667	0.0927	0.074
2	0.3175	0.1569	0.1606
3	0.4762	0.1841	0.2921
4	0.6349	0.2021	0.4328
5	0.9524	0.2286	0.7238

从表 5-2 中可以看出，草酸初始浓度越高，其在萃余液水相中的平衡浓度也越高。通过表 5-2 相关数据可绘制母液草酸浓度对草酸分配系数的影响关系图(见图 5-6)。

从图 5-6 中可以看出，随着草酸浓度的升高，分配系数逐渐变小。分析认为，当草酸浓度低时，水相中大部分草酸进入有机相和 P350 以氢键配合，所以分配系数大，而当草酸浓度高时，有机相中大部分 P350 和草酸配合，即 P350 趋向饱和萃取量，进入有机相和 P350 以氢键配合的草酸比例减少，更多的草酸溶

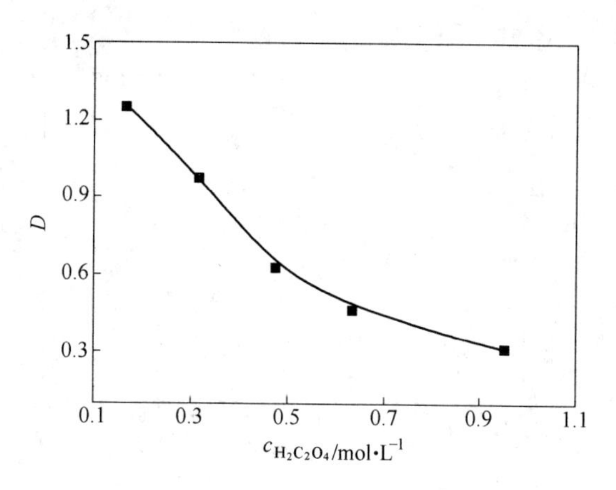

图 5-6 母液草酸浓度对草酸分配系数的影响

解在水相中，所以分配系数小。在草酸沉钴母液体系中，按照第 3 章选定的优化条件实验，沉淀母液中草酸浓度为 0.25mol/L 左右，所以可保证分配系数在 1 以上。

5.4.2.4 母液盐酸浓度的影响

由于草酸沉钴母液体系中含有大量盐酸，因此，实验考察了不同酸度条件下草酸分配系数及盐酸浓度的变化。实验条件：$O/A = 1.0$，草酸浓度 0.23mol/L，温度 30℃。表 5-3 为不同盐酸浓度对各相中盐酸、草酸浓度的影响。从表 5-3 可知，萃取前后，水相中的盐酸的浓度没有减少，反而有微小的升高。分析表明，由于部分水夹杂到有机相中使得水相体积变小，从而导致盐酸浓度略有升高，但是盐酸并没有被配合萃入到有机相中，所以可以认为 P350 并不萃取盐酸；而草酸浓度发生明显的变化，部分草酸被萃入到有机相中，从而可以确定盐酸和草酸可以被 P350 萃取分离。

表 5-3 母液盐酸浓度对萃后各相草酸和盐酸浓度的影响 (mol/L)

序　号	初始盐酸浓度	萃余液盐酸浓度	P350 负载草酸浓度	萃余液草酸浓度
1	0.6663	0.6823	0.1277	0.1023
2	1.3325	1.458	0.139	0.091
3	1.6656	1.7214	0.146	0.084
4	1.9988	1.9892	0.145	0.085

据表 5-3 相关数据可绘制母液盐酸浓度对草酸分配系数的影响关系图（见图 5-7）。草酸溶解在水中有 3 种存在形式：$C_2O_4^{2-}$、$HC_2O_4^-$、$H_2C_2O_4$，氢离子浓度

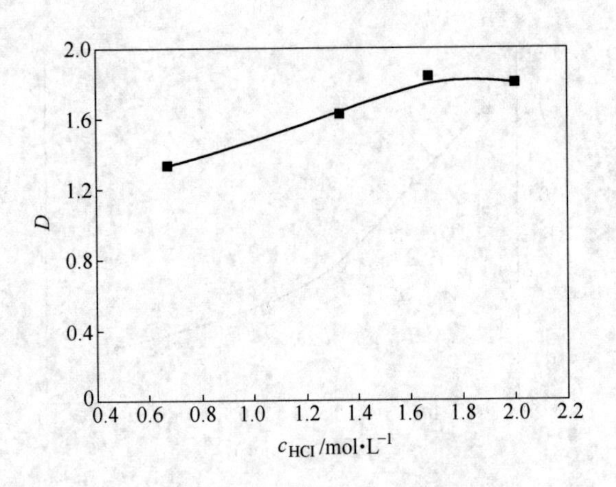

图 5-7　母液盐酸浓度对草酸分配系数的影响

增大，有助于动态平衡：

$$H^+ + C_2O_4^{2-} \rightleftharpoons HC_2O_4^-$$

$$H^+ + HC_2O_4^- \rightleftharpoons H_2C_2O_4$$

向着形成 $H_2C_2O_4$ 的方向进行。而根据萃取机理的分析可知，与 P350 氢键缔合的是草酸分子，那么水相中 $H_2C_2O_4$ 成分的增多有助于其与 P350 以氢键缔合。从图 5-7 中可以看出，盐酸浓度越高越有利于草酸分子被萃入到有机相中，因而分配系数 D 增大。当盐酸浓度增大至 1.7mol/L 后，分配系数 D 达到最大值并趋于稳定，约为 1.8，这是因为在高的酸度条件下，上述动态平衡趋于稳定，水相中草酸分子的含量趋于最大值。

5.4.2.5　钴离子浓度的影响

由于沉钴母液中含有钴离子，所以考察钴离子对 P350 萃取草酸的影响。一方面考察钴离子或其配合物是否被萃取到有机相中；另一方面试验钴离子是否影响 P350 萃取草酸的分配系数。具体试验结果见表 5-4。

表 5-4　母液钴离子浓度对萃后各相草酸和钴离子浓度的影响　(mol/L)

序　号	初始钴浓度	萃余液钴浓度	P350 负载草酸浓度	萃余液草酸浓度
1	0	0	0.1277	0.1023
2	0.1	0.099	0.1289	0.1011
3	0.2	0.201	0.1289	0.1011
4	0.4	0.397	0.127	0.103

从表 5-4 中可以看出，在相比 $O/A=1.0$，温度 30℃，草酸浓度为 0.23mol/L 条件下，在溶液中加入氯化钴。钴离子浓度从 0mol/L 增加到 0.4mol/L，萃余水相中其浓度几乎没有发生变化，说明钴离子没有被 P350 萃取到有机相中。

据表 5-4 相关数据可绘制母液钴离子浓度对草酸分配系数的影响关系图（见图 5-8）。由图可知，草酸在有机相和水相中的分配系数不随钴离子浓度的增加而发生任何明显变化，也即母液中的钴离子浓度对 P350 萃取草酸的分配系数几乎没有影响。

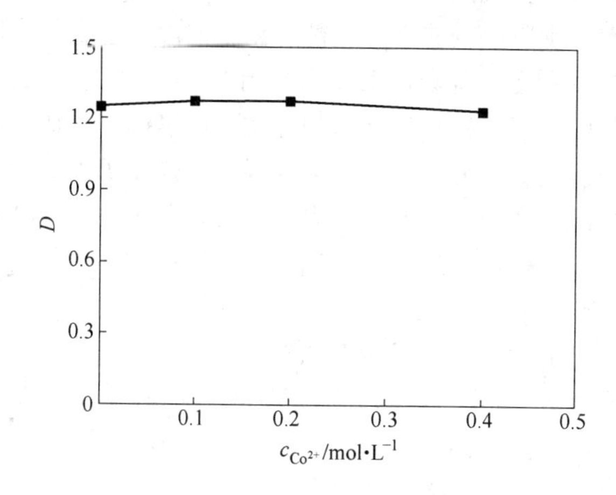

图 5-8 钴离子浓度对草酸分配系数的影响

所以，钴离子浓度既不能被 P350 萃入到有机相，也不影响 P350 对草酸的萃取。

5.4.2.6 草酸沉钴母液优化萃取实验

取本书第 3 章优化条件实验下抽滤后母液进行 P350 萃取草酸研究，根据前述探讨的优化萃取条件，选择配合剂 P350 占萃取剂体积分数为 50%，相比为 1∶1，控制萃取时间 5min，进行萃取实验研究。先后 5 次实验所测得的分配系数分别为 1.28、1.36、1.34、1.29、1.33，平均值为 1.32。

根据分配系数定义可以计算得出，经过 P350 单级萃取，原草酸沉钴母液中约有 57% 的草酸进入有机相，而仍有 43% 左右的草酸残留在萃余液中有待进一步处理。

5.4.3 反萃再生实验研究

配合萃取法分离极性有机物溶液具有高效性和高选择性[195,196]。在萃取过程中，待分离溶质和萃取溶剂相接触，萃取剂中的配合剂与待分离溶质反应形成的萃合物转移至萃取相内，完成第一步分离富集过程；为了使有价溶质得以回收，萃取溶剂再生后循环使用，需要完成第二步反萃取操作。

在配合萃取过程中，溶剂再生的好坏直接影响配合萃取的可行性，正确选择既经济又高效的溶质回收和萃取剂再生方法，是配合萃取过程得以实施的关键之一[197]。配合萃取剂的再生方法主要有温度摆动效应、pH 值摆动效应、稀释剂摆动效应和易挥发有机碱的 pH 值摆动效应等 4 种。根据不同的工艺要求，可采用不同的萃取剂再生方法。

利用温度摆动效应实现配合萃取过程中的溶剂再生，温度变化范围受稀释剂沸点温度、混合溶剂沸点影响非常大，甚至受水的沸点温度的影响；同时如果温度过高，萃取剂挥发严重，也会浪费大量的有机相[198]。一方面，稀释剂组成摆动效应再生萃取剂的过程中稀释剂组成的变化要由蒸馏来完成，操作非常烦琐且将无可避免地浪费有机相；另一方面作为稀释剂的磺化煤油并没有发挥改质剂的作用，不能较理想地改变分配系数，所以无法实现草酸在萃余液和反萃剂之间的转移，因此稀释剂组成摆动效应也不能达到回收溶质和萃取剂再生的目的。利用易挥发有机碱的 pH 值摆动效应进行有机酸负载溶剂再生的实施关键之一是选择具有相当碱性的有机碱水溶液作反萃剂，造价比较高，同时萃取剂再生后的有机碱水溶液必须加热处理，过程同样烦琐。pH 值摆动效应是最简洁地实现萃取剂再生的方法[199]，也是本书采用的方法。

溶剂萃取过程中，通常情况下待分离溶质是以分子形态萃入有机相或者与配合剂反应生成萃合物而转入萃取相的。有机羧酸在水相中的解离程度随着 pH 值的增大而增大，分子形态有机酸的摩尔分数减少，萃取分配系数 D 也减小。pH 值对体系平衡分配系数的影响在 $\mathrm{pH} > \mathrm{p}K_{\alpha}$（表观碱度）时显得尤为明显。这种 pH 值摆动效应就是利用碱性或中性水溶液对有机酸负载溶剂进行反萃的依据。

分别配制酸性溶液（盐酸）、纯水和碱性溶液（氢氧化钠）来反萃负载草酸的 P350，效果如图 5-9 所示。很明显，当 pH 值由低到高变化时，反萃率也由低到高变化。但当 pH 值很低时，P350 可以将草酸从水相中萃取到有机相中，因此酸性溶液并不能很好地将草酸反萃下来。

利用碱性或中性水溶液可以将有机酸从负载有机相中反萃下来，但是碱性溶液的加入很容易导致萃取体系的乳化，引起分层困难，甚至产生第三相。由于乳化对萃取过程的影响非常大，不仅破坏了萃取平衡，而且有可能浪费大量的有机萃取剂，同时降低萃取效率，因此在试验 P350 再生之前，必须要考察萃取平衡体系乳化的临界 pH 值。在温度为 30℃、P350 的体积分数为 50% 的条件下，按相比 $O/A = 1.0$ 向负载草酸的有机相中加入不同 pH 值的氢氧化钠稀溶液（pH = 6.44 时加入的是纯水），试验具体结果见表 5-5。

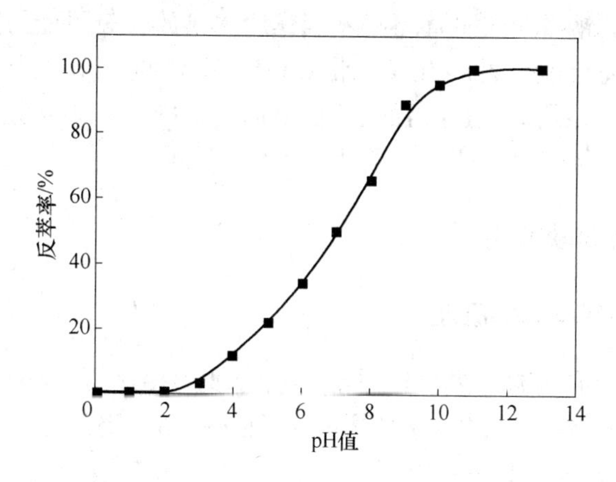

图 5-9 pH 值对 P350 反萃草酸效果的影响

表 5-5 平衡 pH 值对分层效果的影响

初始 pH 值	平衡 pH 值	萃取实验现象
>12.80	>4.85	（1）水相呈黄色； （2）有机相乳化，被破坏； （3）分相速度慢
12.8～12.00	4.85～3.34	（1）水相呈乳白色，水包油现象严重； （2）有机相比较清亮； （3）分相速度较慢，两相中间有乳白色乳化层
12.00～11.00	3.34～3.01	（1）水相呈乳白色，水包油； （2）有机相清亮； （3）分相速度较快，无乳化层
11.00～6.44	3.01～2.51	（1）水相呈淡淡的乳白色，水包油； （2）有机相清亮； （3）分相速度快，无乳化层
6.44	<2.51	（1）水相清亮，无乳化现象； （2）有机相清亮； （3）分相速度快，分层明显

由表 5-5 可知，在相同条件下，水相初始 pH 值越高，其平衡 pH 值也越高；且随着平衡 pH 值的升高，溶液乳化现象越来越明显。当 pH 值大于 4.85 时，两液相并不分层。只有当平衡 pH 值小于 2.5 时，两者分相才比较明显，且无乳化、无中间相。

同时氢氧化钠等碱性溶液虽然更容易将草酸从有机相中反萃出来，但是由于回收的产物是草酸钠盐，这样不仅消耗了氢氧化钠等化学品，而且生成的草酸钠盐溶液由于其草酸钠含量过低而不得不当作废水排放，有可能污染环境。

因此，可以简单地认为，当水相平衡 pH < 2.51 时，乳化才并不明显，这样在选择反萃剂时，必须避免选择强碱性反萃剂，否则容易导致乳化，破坏萃取平衡。因此本书采用纯水作为再生剂再生 P350 萃取剂。

5.5 多级逆流萃取研究

5.5.1 多级逆流萃取基本原理

从上述单级萃取实验结果可以看出，在合理的相比下，如果采用单级萃取，P350 只能将不到 60% 的草酸从水相中萃取到有机相，仍然有大量草酸残余在沉钴母液中，因此必须要考虑采用多级萃取方式来更有效地分离草酸沉钴母液中的草酸和盐酸。多级萃取包括多级逆流萃取和多级错流萃取。多级错流萃取是将一次萃取后的萃余液再次与新鲜萃取剂进行萃取，由于各级均加入新的萃取剂，萃取的传质推动力大，因而萃取率高，但是溶剂耗用量大，混合萃取液中含有大量溶剂，溶质浓度低，溶剂回收费用高，也将会消耗大量的萃取剂。

在多级逆流萃取过程中，有机相从第 1 级加入流向第 n 级，而水相从第 n 级加入流向第 1 级，即两相逆向流动，故称为逆流萃取。图 5-10 所示为三级逆流萃取的操作示意图。由图中可以看出，有机相 S 从第 1 级进入，与第 2 级排出的萃余液 R_2 接触；分相后，排出最终萃余液 R_1，而萃取液 E_1 则进入第 2 级，与第 3 级排出的萃余液 R_3 接触；分相后，排出的萃余液 R_2 进入第 1 级，而萃取液 E_2 则进入第 3 级，与料液 F 接触；分相后，排出的萃余液 R_3 进入第 2 级，萃取液 E_3 可送去进行反萃取，再生的有机相则可返回用于萃取。这种萃取方式只需在第 1 级加入一份有机试剂，因而可减少有机试剂的用量。并且最终也只得到一份负载有机相，因此反萃取的工作量也小。

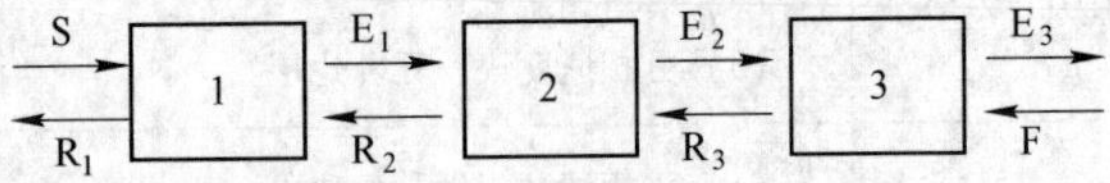

图 5-10 三级逆流萃取过程示意图

计算和实践表明，在同样萃取有机相用量和萃取级数的条件下，多级逆流萃取过程的萃取效果优于多级错流萃取。同时，逆流萃取流程简单，物料浪费少，且效率非常高，因此是目前工业上最常采用的工艺过程。

通过多级逆流萃取可把料液中易萃取组分 A 物质的绝大部分萃入有机相，从萃余液中获得纯度高的难萃组分 B 物质。为了计算产品的纯度和收率，可定义一些函数，并推导出有关计算公式。

萃余分数（ϕ），它是表示经过 n 级逆流萃取后，萃余液中被萃取物的残留量与料液中被萃取物的量的比值：

$$\phi_A = \frac{c_{A,1}V}{c_{A,F}V} = \frac{c_{A,1}}{c_{A,F}} = \frac{\varepsilon_A - 1}{\varepsilon_A^{n+1} - 1} \tag{5-25}$$

式中 $c_{A,1}$——第 1 级排出的萃余液中 A 物质的浓度；

$c_{A,F}$——料液中 A 物质的浓度；

V——水相的体积；

ε_A——物质的萃取比（即分配系数 D 与相比 R 的乘积）；

n——萃取级数。

根据萃余分数可以计算逆流萃取的理论级数。

5.5.2 实验过程及分析检测

将 P350 萃取剂（磺化煤油为稀释剂）和已知浓度的草酸溶液按照相比 1∶1 加入 150mL 分液漏斗中，放入康氏振荡器内振荡 5min 以使有机相和水相充分混合，便于草酸尽可能多地由水相进入有机相，取出后静置分层，测量分相后水相中草酸的浓度，并保存负载有机相。根据测量不同比例下水相中的草酸浓度，画出不同条件下萃取平衡等温线，再按照设定的萃取要求，分析逆流萃取所需要的理论级数。同样的方法用单级萃取实验确定的反萃剂纯水反萃上述试验过程中保存的负载有机相，计算反萃级数和反萃相比，最后采用模拟实验法验证之。

研究采用模拟实验法验证多级逆流萃取实验。萃取实验采用普通的分液漏斗进行。图 5-11 所示为用 3 支分液漏斗模拟 3 级逆流萃取的串级流程，每一个圆圈代表一支分液漏斗，圆圈中的数字即为分液漏斗编号，F 表示原始料液的加入量，S 表示新鲜有机相的加入量。

串级模拟实验开始时先向分液漏斗①中按相比加入原始料液 F 和新鲜有机相 S，振荡平衡后静置分相。水相转入②，有机相弃去，并按照相比在③中加入新鲜有机相；这时同时振荡组成第 3 排的①和③，平衡后静置分相；①中的水相转入②，有机相弃去，③中的有机相转入②，水相弃去，平衡后分相，继续按照图 5-11 中箭头（实线代表水相走向，虚线代表有机相走向）所示方向加料，振荡，静置分相。这样每隔一排加入一次新的料液和新鲜有机相，并排出一次萃余液（水相）和萃取液（有机相）。

理论上认为，要经过无数多排振荡后才能达到真正的稳态值，但大量实验的经验表明，达到稳定状态所需的排数一般为萃取级数的 2 倍左右。

本书采用硝酸铈铵滴定法确定草酸含量，采用酸碱滴定法确定盐酸浓度，采用电位滴定法滴定水相中钴含量。

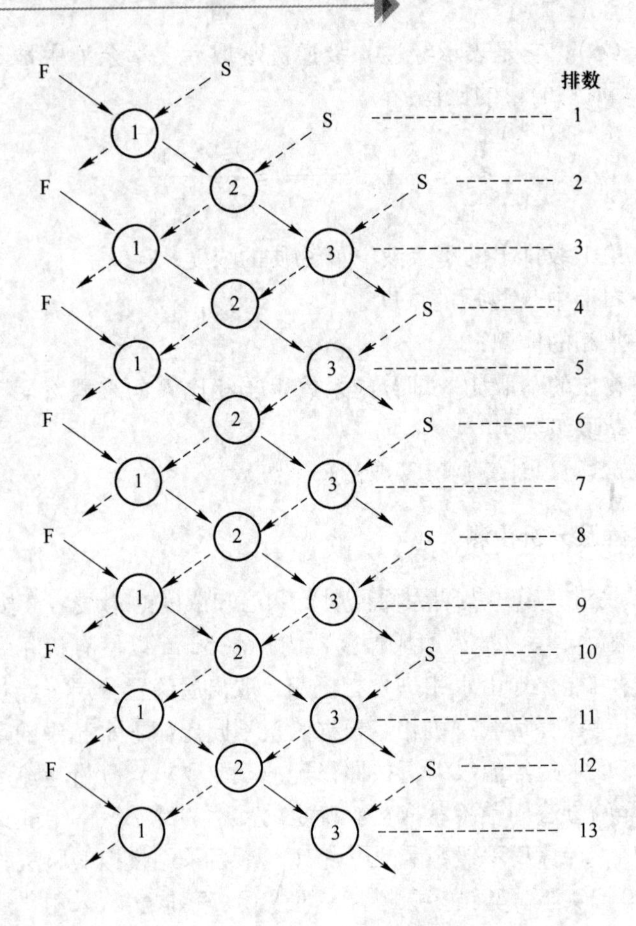

图5-11　3级逆流萃取分液漏斗模拟试验

5.5.3　逆流萃取过程研究

根据上述分析已确定单级萃取的优化实验条件为：P350的体积分数为50%（磺化煤油为稀释剂），盐酸浓度为1.7mol/L，草酸浓度为0.2～0.4mol/L。逆流萃取实验过程中固定P350体积分数为50%（磺化煤油为稀释剂），草酸浓度为0.23mol/L，盐酸浓度为1.0mol/L，温度T为30℃，要求萃取后母液中草酸含量小于0.0040mol/L。实验采用平衡等温线法确定萃取级数，并用模拟实验法验证。

确定逆流萃取级数和相比的方法有许多种，其一为公式法，也就是通过萃余分数计算理论级数。

由式（5-25）可得：

$$\varepsilon_{A}^{n+1} = \frac{\varepsilon_{A} - 1}{\phi_{A}} + 1 \tag{5-26}$$

将式（5-26）等式两边取对数后，经整理得：

$$n = \frac{\lg(\varepsilon_A + \phi_A - 1) - \lg\phi_A}{\lg\varepsilon_A} - 1 \tag{5-27}$$

在已知 ϕ_A 和 ε_A 的情况下，利用式（5-27）即可求算理论级数。

已知草酸的初始浓度为0.23mol/L，因要求多级逆流萃取后萃余液中草酸的含量低于0.0040mol/L，所以，萃余分数：

$$\phi_A = \frac{0.0040}{0.23} \times 100\% = 1.74\%$$

而萃取比 $\varepsilon_A = DR$，采用此公式时，必须假定每一级的分配系数 D 是不变的。所以当相比 R 为1.0时，通过实验得到的分配系数为1.3741，因此萃取比 ε_A 为1.3741，那么通过式（5-26）计算出的理论级数为：

$$n = \frac{\lg(\varepsilon_A + \phi_A - 1) - \lg\phi_A}{\lg\varepsilon_A} - 1 = \frac{\lg 22.5}{\lg 1.3741} - 1$$

而当相比 R 为1.5时，通过实验得到的分配系数为1.4937，因此萃取比 ε_A 为2.2405，那么通过式（5-26）计算出的理论级数为：

$$n = \frac{\lg(\varepsilon_A + \phi_A - 1) - \lg\phi_A}{\lg\varepsilon_A} - 1 = \frac{\lg 72.26}{\lg 2.2405} - 1$$

同理，当相比为2.0时，得到的理论级数为：

$$n = \frac{\lg(\varepsilon_A + \phi_A - 1) - \lg\phi_A}{\lg\varepsilon_A} - 1 = \frac{\lg 181.07}{\lg 4.1332} - 1$$

表5-6所列为公式法求得的理论级数。

表5-6 公式法求得的理论级数

相比 R	分配系数 D	萃取比	萃余分数/%	理论级数
1.0	1.3741	1.3741	1.74	9
1.5	1.4937	2.2405	1.74	5
2.0	2.067	4.1332	1.74	3

从表5-6中不难看出，相比越小，需要的理论萃取级数越多。当相比为1.0时，需要高达9级的理论萃取级数。而相比越大，试剂生产过程中越难控制，因此一般不选择过高的萃取级数。当相比为1.5和2.0时，得到的理论萃取级数都比较合适。但是这只是通过公式计算的级数，需要在下一步实验过程中进行验证。

这里所讲的萃取级数指的是理论级数。所谓“理论级数”就是在每一级中，互不相溶的两相接触的时间足够长，体系达到平衡状态后两相才分离。而在实践操作中，由于过程进行的连续性，两相难以充分接触使体系达到平衡状态，因此存在着萃取设备的级效率问题。级效率是指理论级数与达到分离效果实际所需的级数之比值，在实际操作过程中必须考虑级效率问题。

平衡等温线法（坐标图解法）是另一种求取逆流萃取级数的方法，它是把被萃取物在两相中分配情况与萃取操作的实际情况在坐标图上分别表示出来，然后根据两者的关系来确定萃取级数。这种估算萃取级数的方法又称为坐标图解法或 Mccabe-Thiele 图解法。

假设有图 5-12 所示的 n 级逆流萃取过程，若以 V 与 V_0 表示水相和有机相的体积，则根据物料平衡原理，必然有下列关系式：

$$x_0V + y_{n+1}V_0 = x_nV + y_1V_0$$

$$x_0V - x_nV = y_1V_0 - y_{n+1}V_0$$

$$(x_0 - x_n) = V_0(y_1 - y_{n+1})/V$$

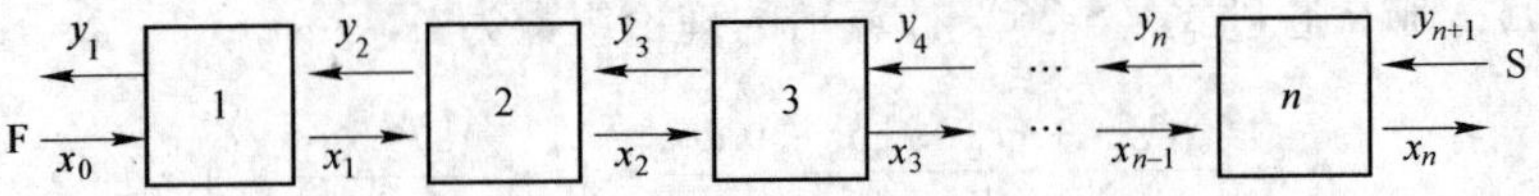

图 5-12　n 级逆流萃取过程示意图

F，S—料液和有机相；x，y—水相中与有机相中被萃取物的浓度

按上式在坐标图上作图，可得到一条通过 $A(x_0, y_1)$ 和 $B(x_n, y_{n+1})$ 两点、斜率为相比 $R = V_0/V$ 的直线，这条直线称为逆流萃取操作线，如图 5-13 所示。

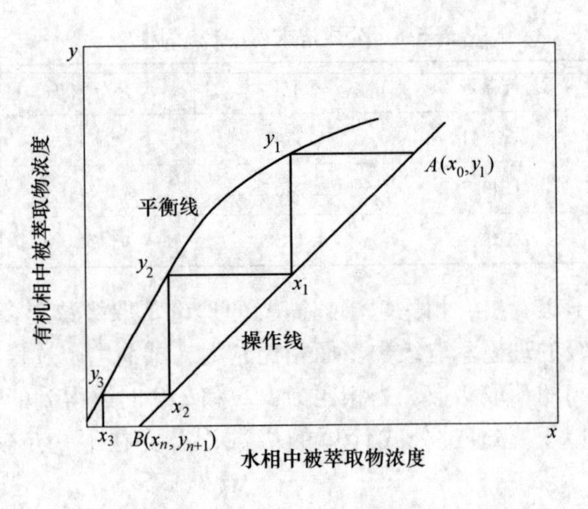

图 5-13　图解法求萃取级数

萃取操作线可由已知的条件（x_0，y_{n+1}，V 和 V_0）和给定的条件（x_n，y_1）作出。图 5-13 中 $y_{n+1}=0$，即有机相中不含被萃取物，因此 B 点落在 x 轴上。在图上还需作出一条萃取平衡等温线。萃取平衡等温线绘制的方法是：在温度、相比及水相平衡 pH 值等条件相同的情况下，将水相与有机相接触直至平衡，然后分别测定两相中被萃取物的浓度。分出萃余液后，再按相同的相比加入新鲜水相与萃取液接触。两相再次达到平衡后，又取样分析。这样重复多次，直到有机相萃取达到饱和。通过实验测定，便可获得一系列相应的 x、y 值。根据试验所得的 x、y 值，在坐标图上可找到若干点，把这些点连接起来即得萃取平衡等温线。

作出操作线和平衡线后即可求级数。方法是从 A 点作一平行于 x 轴的直线交平衡线于 y_1，再由 y_1 处作一垂线交操作线于 x_1。对照 n 级逆流萃取过程示意图可知，y_1 即为第 1 级排出的有机相中被萃取物的浓度，而 x_1 则为排出的水相中被萃取物的浓度，即通过第 1 级萃取后，水相中被萃取物浓度由 x_0 降低到 x_1。然后再由 x_1 处作平行于 x 轴的直线交平衡线于 y_2，又由 y_2 处作垂线交操作线于 x_2，同理 y_2、x_2 分别为第 2 级排出的有机相中和水相中被萃取物的浓度。如此进行下去，直到最后一个梯级的 x 小于或等于规定的萃余液中被萃取物浓度 x_n 为止。也就是说，通过这一级萃取后，萃余液中被萃取物的浓度已达到了规定的要求。由此可知图 5-13 中所画出的阶梯数即为所需的理论级数。图 5-13 中画出了 3 个阶梯，表明需要 3 个理论级。

操作线公式：

$$y_1 = \frac{A}{O}(x_0 - x_n) + y_{n+1}$$

式中 y_1——有机相出口的草酸萃取平衡浓度，mol/L；

y_{n+1}——有机相入口的草酸萃取平衡浓度，mol/L；

x_0——水相入口的草酸萃取平衡浓度，mol/L；

x_n——水相出口的草酸萃取平衡浓度，mol/L；

O——有机相体积，L；

A——水相体积，L。

表 5-7 所列出的为不同相比下的操作线方程参数值。

表 5-7 不同相比下的操作线方程参数值

相比 O/A	$y_1/\mathrm{mol\cdot L^{-1}}$	$y_{n+1}/\mathrm{mol\cdot L^{-1}}$	$x_0/\mathrm{mol\cdot L^{-1}}$	$x_n/\mathrm{mol\cdot L^{-1}}$
1.0	0.2260	0	0.23	0.0040
1.5	0.1507	0	0.23	0.0040
2.0	0.1130	0	0.23	0.0040

实验得出不同相比条件下草酸在有机相和水相中的平衡浓度见表 5-8。

表 5-8 草酸在有机相和水相中的平衡浓度

相比 $O/A=1.0$		相比 $O/A=1.5$		相比 $O/A=2.0$	
$c_A/\text{mol}\cdot\text{L}^{-1}$	$c_O/\text{mol}\cdot\text{L}^{-1}$	$c_A/\text{mol}\cdot\text{L}^{-1}$	$c_O/\text{mol}\cdot\text{L}^{-1}$	$c_A/\text{mol}\cdot\text{L}^{-1}$	$c_O/\text{mol}\cdot\text{L}^{-1}$
0.0973	0.1337	0.0713	0.1065	0.045	0.0930
0.182	0.1827	0.1409	0.1666	0.1116	0.1527
0.2124	0.2013	0.1960	0.1899	0.1659	0.1853
0.2248	0.2075	0.2203	0.197	0.1922	0.2047
0.230	0.2075	0.230	0.1977	0.2124	0.2140
				0.2248	0.2171
				0.230	0.2171

根据表 5-7 和表 5-8 所列数据，分别画出不同相比条件下的平衡等温线和操作线图如图 5-14 ~ 图 5-16 所示，通过对图中曲线做梯阶求 P350 逆流萃取草酸的级数。

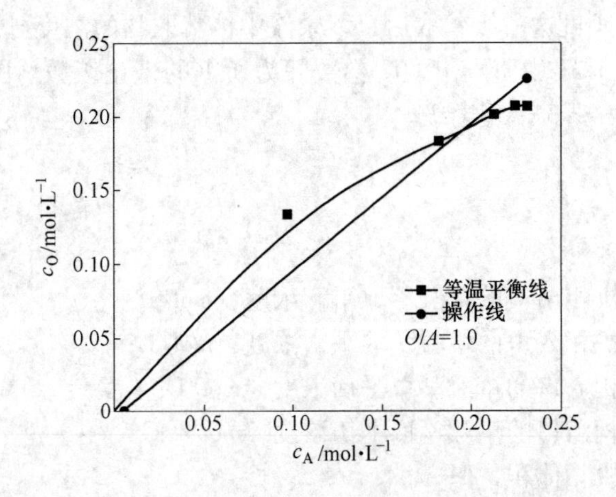

图 5-14 $O/A=1.0$ 时的萃取平衡等温线和操作线

从图 5-14 中可以看出，当 O/A 为 1.0 时，平衡等温线和操作线有一个交点，说明在此相比条件下不论增加多少萃取级数都无法满足要求，除非稀释沉钴母液；在相比 $O/A>1.5$ 时，P350 萃取可满足要求，并且相比越小，需要的级数越多，对相比 1.5 和 2.0 的图像做阶梯求得的级数分别是 5 级和 3 级，如图 5-15 和图 5-16 所示。

根据平衡等温线法求得的相比和级数，采用实验方案中介绍的如图 5-11 所示的串级模拟实验进行研究，模拟了相比 2.0 时的 3 级逆流萃取。表 5-9 为相比为 2.0 的 3 级逆流萃取模拟试验结果，最终结果完全满足草酸浓度小于

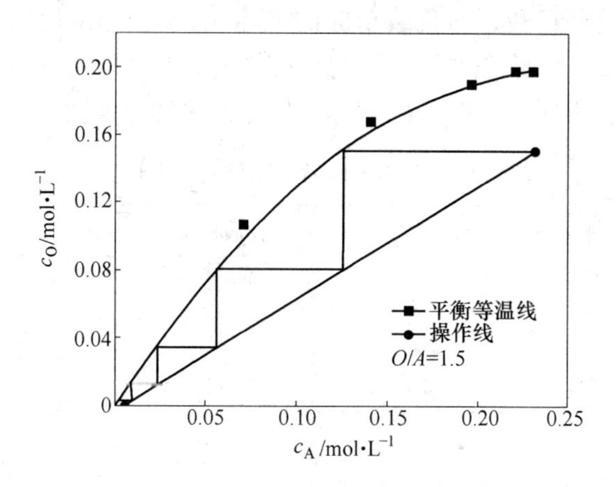

图 5-15　$O/A=1.5$ 时的萃取平衡等温线和操作线

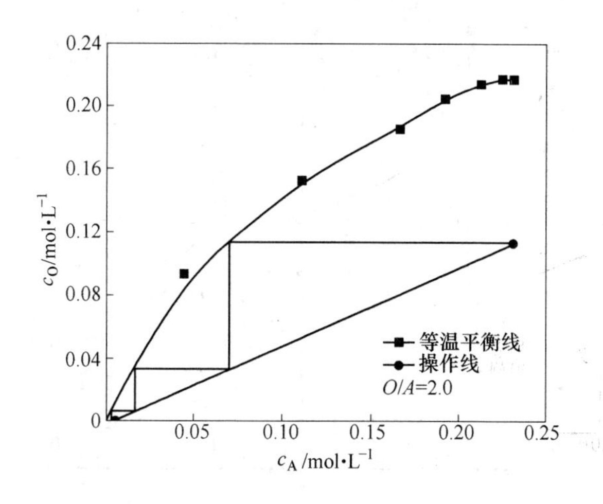

图 5-16　$O/A=2.0$ 时的萃取平衡等温线和操作线

0.0040mol/L 的要求。

表 5-9　逆流萃取模拟试验结果

试验排数	1	2	3	4	5	6
$c_{H_2C_2O_4}$/mol · L^{-1}	0.0067	0.0040	0.0031	0.0030	0.0030	0.0031

根据经验，通常工业上所用的级数较试验级数增加 2 ~ 3 级，所以最终确定的级数为 6 级。

5.5.4　反萃过程研究

在反萃过程中，同样采用平衡等温线法求取合理的相比和反萃级数。在实验过程中采用纯水反萃草酸，而负载草酸的 P350 有机相则采用上节逆流萃取过程中在最佳相比和最佳级数条件下得到的有机相，其中草酸的含量为0.1127mol/L。在不同萃取相比、不同回收率条件下得到的操作线方程参数见表5-10。

表5-10　不同相比下的操作线方程参数值

相比 O/A	反萃率/%	y_1/mol · L^{-1}	y_{n+1}/mol · L^{-1}	x_0/mol · L^{-1}	x_n/mol · L^{-1}
1.0	100	0	0.1127	0	0.1127
1.0	95	0.0056	0.1127	0	0.1071
1.0	90	0.0113	0.1127	0	0.1014
1.5	100	0	0.1127	0	0.1691
1.5	95	0.0056	0.1127	0	0.1606
1.5	90	0.0113	0.1127	0	0.1521
1.5	85	0.0169	0.1127	0	0.1437
1.5	75	0.0282	0.1127	0	0.1267
1.5	65	0.0394	0.1127	0	0.1099
2.0	100	0	0.1127	0	0.2254
2.0	95	0.0056	0.1127	0	0.2141
2.0	90	0.0113	0.1127	0	0.2029
2.0	85	0.0169	0.1127	0	0.1916
2.0	75	0.0282	0.1127	0	0.1691
2.0	65	0.0394	0.1127	0	0.1465

不同相比条件下草酸在有机相和水相中的反萃平衡浓度见表5-11。

表5-11　草酸在有机相和水相中的反萃平衡浓度

相比 $O/A=1.0$		相比 $O/A=1.5$		相比 $O/A=2.0$	
c_A/mol · L^{-1}	c_O/mol · L^{-1}	c_A/mol · L^{-1}	c_O/mol · L^{-1}	c_A/mol · L^{-1}	c_O/mol · L^{-1}
0.0861	0.1055	0.1237	0.1272	0.1038	0.1302
0.1241	0.1730	0.1592	0.2016	0.1318	0.1964
0.1496	0.2150	0.1799	0.2445	0.1492	0.2358
0.1609	0.2457	0.1864	0.2777	0.1591	0.2554
0.1721	0.2652	0.1916	0.3031	0.1635	0.2662
0.1786	0.2782	0.1959	0.3220	0.1643	0.2754

根据上述数据，采用平衡等温线作曲线分析，分别如图 5-17 ~ 图 5-19 所示。图 5-17 中，100% 反萃率的操作线在原点附近与平衡等温线有交点，故反萃率不能达到 100%。从图 5-18 和图 5-19 中能够看出，当相比 O/A 为 1.5、2.0 时，反萃率都仅能达到 65% ~70%，有机相中仍然剩余 0.02 ~0.03mol/L 的草酸，反萃效果不理想；而当相比 $O/A=1.0$ 时，反萃率可以达到 95%，大部分草酸可以回收利用，因此选择相比 $O/A=1.0$。在此条件下对图 5-17 做梯阶所得的级数为 7 级。在设定的级效率 0.75 条件下，最终确定的级数为 10 级。

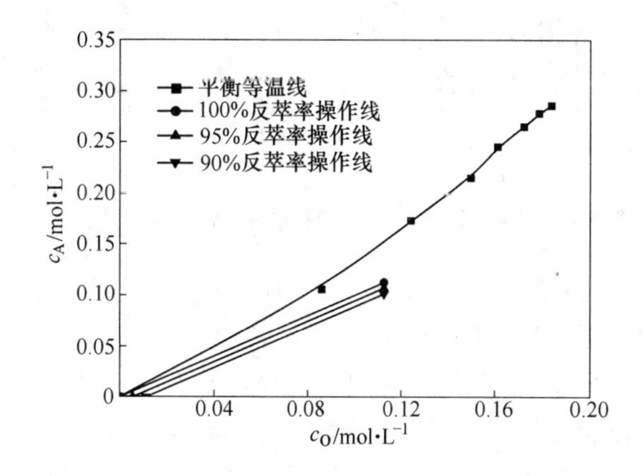

图 5-17 相比 $O/A=1.0$ 时的反萃平衡等温线和操作线

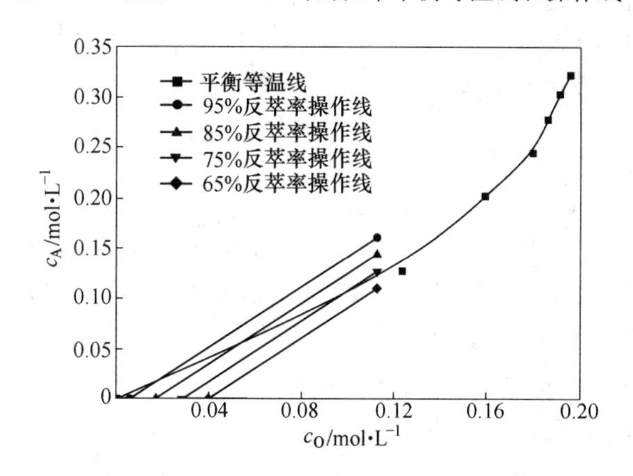

图 5-18 相比 $O/A=1.5$ 时的反萃平衡等温线和操作线

5.5.5 洗涤过程研究

用纯水反萃 P350 有机相后，P350 仍然负载约 0.0040mol/L 的草酸，如果此 P350 有机相直接用于返回萃取草酸，势必造成草酸在有机相中的富集，影响萃取效率，更严重的是由于负载部分草酸的 P350 不能完全将草酸从水相中吸附上

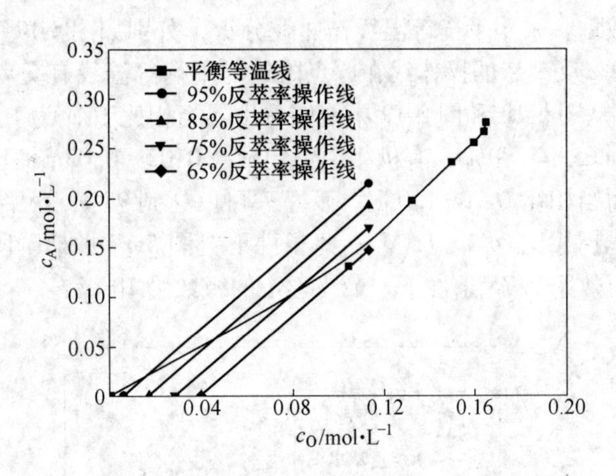

图 5-19 相比 $O/A=2.0$ 时的反萃平衡等温线和操作线

来，会影响整个生产过程。所以洗涤过程是生产过程中必不可少的一个环节，通过洗涤彻底将草酸从有机相中完全反萃下来。

与反萃剂的选择的一样，洗涤液可以选择纯水、碳酸钠溶液、氢氧化钠溶液等，但是如果采用纯水作为洗涤液，草酸还是不能完全被反萃下来。考虑到此时负载有机相中的草酸含量已经不多，所以考虑选择采用碳酸钠溶液或者氢氧化钠溶液进行洗涤。由于氢氧化钠溶液的碱性极强，很容易导致乳化，破坏萃取平衡体系，因此本书选用质量浓度为10g/L 的碳酸钠溶液作为洗涤液，实验表明，采用2 段洗涤可将草酸基本洗净。

5.6 优化工艺选择

综上所述，处理含有盐酸和草酸的沉钴母液可以采用如下的工艺：经过 6 级逆流萃取将无氨草酸沉钴母液中的草酸负载于 P350 有机相中，去除草酸的母液（萃余液）返回含钴原料的浸出工序以回收利用；负载草酸的 P350 有机溶剂流入反萃工序，经过 10 级逆流反萃取，用纯水将有机相中的草酸反萃到水相中，得到的草酸水溶液返回，继续配制沉淀钴的草酸沉淀剂；经过反萃段，P350 有机相仍然负载微量的草酸，为了避免草酸在有机相中的富集，保证 P350 的萃取效果，设计采用稀的碳酸钠溶液洗涤有机相中的草酸，得到的 P350 空白有机相可以重复利用，而得到的少量草酸钠稀溶液可以继续配制洗涤液重复使用，原则工艺流程如图 5-20 所示。

5.7 本章小结

本章以无氨草酸沉钴工艺产生的含大量盐酸和草酸的母液为研究对象，筛选

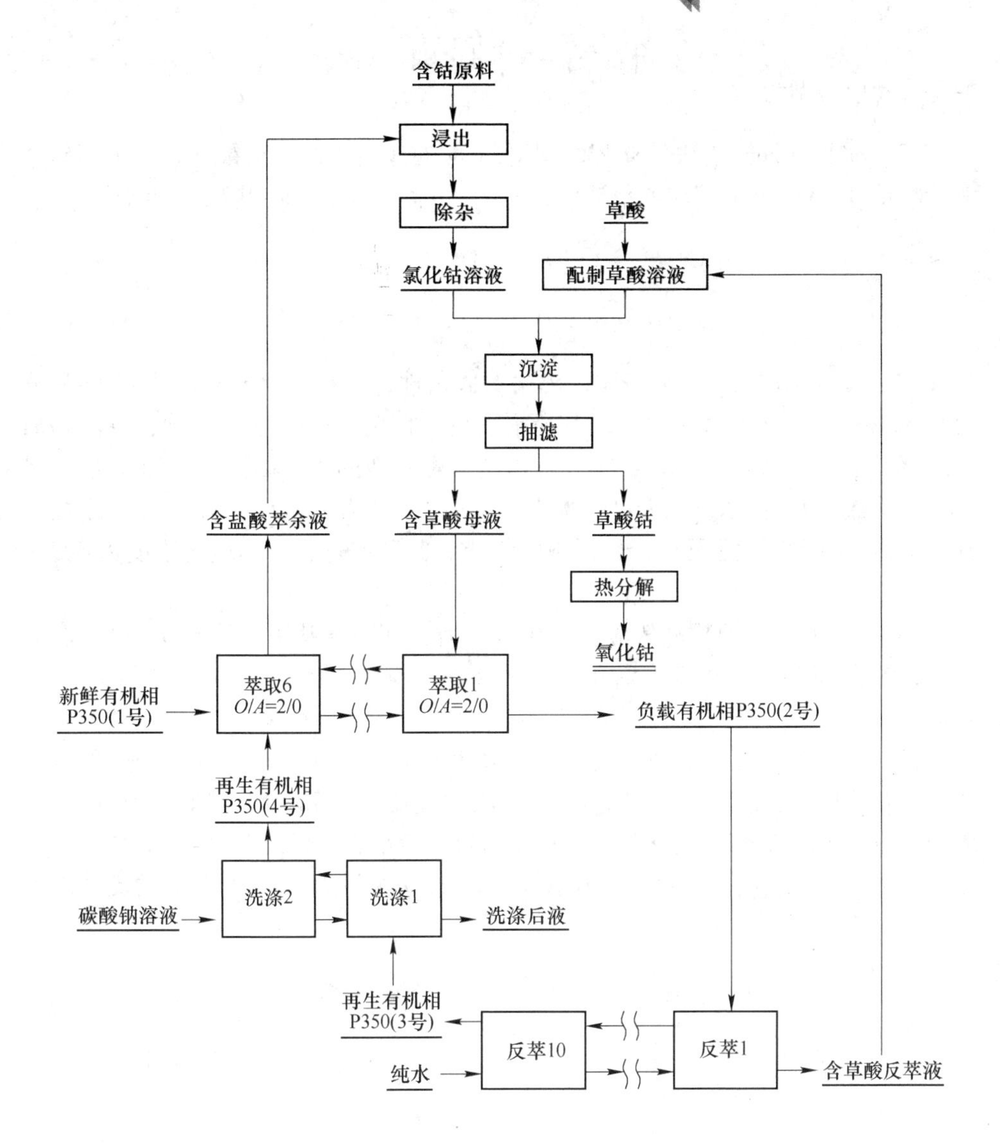

图 5-20 P350 逆流萃取处理草酸沉钴母液工艺流程

出中性含磷萃取剂 P350-磺化煤油作为配合萃取剂，有效地分离了沉钴母液中的盐酸和草酸，分离出的盐酸可返回含钴原料浸出工序，而草酸则可返回沉淀工序，而反萃后再生的有机相则可再次用于萃取工序，因而实现了整个工艺流程的闭路循环，工艺环境友好。主要结论如下：

（1）采用质量作用定律分析方法，得出表观平衡常数 K 和自由能的变化关系为：$\Delta G^{\ominus} = -RT\ln\frac{[\mathrm{HOOCCOOH}\cdot n\mathrm{P350}]}{[\mathrm{HOOCCOOH}][\mathrm{P350}]^{n}} = -RT\ln K$，同时建立 P350 萃取草酸

的配合萃取模型为：$D = \dfrac{\exp\left(-\dfrac{\Delta H}{RT}+C\right)\left[\overline{\mathrm{P350}}\right]_0^n + m}{(1+10^{\mathrm{pH}-\mathrm{p}K_1}+10^{2\mathrm{pH}-\mathrm{p}K_2})}$。

（2）采用红外光谱法分析 P350 萃取草酸的作用机制为氢键缔合。采用斜率法计算得到 P350 萃取草酸的萃合比为 $n_{\mathrm{P350}} : n_{\mathrm{H_2C_2O_4}} = 2:1$，其萃合物结构为：

$$
\begin{array}{l}
(\mathrm{RO})_2\text{—}\mathrm{P(CH_3)}\text{—}\mathrm{O\cdots H}\text{—}\mathrm{OC}=\mathrm{O} \\
\qquad\qquad\qquad\qquad\qquad\quad\;\, | \\
(\mathrm{RO})_2\text{—}\mathrm{P(CH_3)}\text{—}\mathrm{O\cdots H}\text{—}\mathrm{OC}=\mathrm{O}
\end{array}
$$

（3）单级萃取实验研究表明，优化萃取条件为：有机相中 P350 所占体积分数为 50%，P350 萃取草酸达到平衡所需要的时间为 5min。研究发现，母液钴离子浓度对萃取过程无影响，H^+ 浓度是影响分配系数的重要因素，P350 萃取草酸的分配系数随着 H^+ 浓度的升高而增大，当 H^+ 浓度为 1.7mol/L 时，分配系数达到最大值。草酸浓度也影响分配系数的大小，其萃取过程中的最佳浓度为 0.2 ~ 0.4mol/L。

（4）采用“pH 值摆动效应”再生反萃有机相，反萃率也随着 pH 值升高而升高，结合 pH 值对分相效果和乳化效果的影响，最终选择纯水作为再生反萃剂。

（5）为有效提高萃取率，设计采用多级逆流萃取和反萃工艺来分离母液中的盐酸和草酸。在逆流萃取研究中，采用平衡等温线法和串级模拟实验法确定萃取相比 $O/A = 2.0$，级数为 6 级，可使萃余液中草酸含量低于 0.0040mol/L；采用反萃平衡等温线法确定反萃相比 $O/A = 1.0$，反萃级数为 10 级，草酸的反萃率可达到 95% 以上。

6 研究成果与展望

6.1 研究成果

本书针对传统草酸铵沉淀—热分解制备氧化钴工艺产生大量含氨废水且难以回收利用的现状，创新性地提出直接采用草酸作为沉淀剂进行化学沉淀制备草酸钴的新思路，从原料选取上避免了氨水的加入，从源头上解决了含氨废水处理问题。系统研究了无氨草酸沉淀体系的热力学行为和各工艺条件对沉淀产物粒度、形貌及沉淀率的影响；同时还详细研究了草酸钴在不同条件下的分解产物，探讨了不同气氛下草酸钴热分解热力学和动力学；通过 P350 配合萃取分离沉淀母液中草酸与盐酸，并分别循环再生利用，实现了全流程的闭路循环。现将主要研究结果总结如下：

（1）根据同时平衡原理和质量守恒原理建立了 Me^{2+}-$C_2O_4^{2-}$-Cl^--H_2O 体系中各金属离子在水溶液中理想条件下的热力学平衡模型，绘制了各金属离子的浓度对数-pH 值图和存在形式分布图，系统分析了各金属离子在 Me^{2+}-$C_2O_4^{2-}$-Cl^--H_2O 体系中溶液 pH 值及添加柠檬酸、酒石酸和 EDTA 等添加剂对各金属离子浓度的影响。详尽研究了溶液 pH 值对硫酸钴、硝酸钴、醋酸钴和氯化钴四种常见钴盐体系中各金属离子浓度的影响。分析得出体系中杂质 Ca^{2+}、Ni^{2+}、Pb^{2+}、Cu^{2+} 优先于 Co^{2+} 生成沉淀，而 Mg^{2+}、Fe^{2+}、Mn^{2+} 和 Zn^{2+} 类杂质离子只在 pH 值相对较高的情况下先于 Co^{2+} 形成沉淀。因此在草酸钴的生产过程中，应尽量控制这些杂质的含量和控制较低的沉淀终点 pH 值，以保证获得高的钴沉淀率和高的产物品质。

（2）首次系统研究了无氨草酸沉淀法各工艺参数对草酸钴沉淀率及粒子形貌、粒度的影响。氯化钴溶液浓度、反应温度和草酸加料速度等因素对草酸钴晶体形貌和粒度起着决定性作用；草酸过量系数则对草酸钴沉淀率起着至关重要的作用；外加超声可有效减少粒子团聚，但其空化作用也抑制了粒子生长，草酸钴形貌由长柱状变为小块状。通过全面考察，得到了无氨草酸沉淀法的优化工艺条件：以 1mol/L 的氯化钴溶液为原料，过量系数为 1.5：1 的草酸作为沉淀剂，反应温度 60℃，正向滴加方式，加料速度 10mL/min，溶液 pH 值为 5.5。可制备得到结晶形貌良好的 β 晶型含水草酸钴粉末粒子（β-$CoC_2O_4 \cdot 2H_2O$），草酸钴粉末微观形貌呈长柱簇球状，中位径为30~50μm，一次沉淀率可达95%以上。

（3）初步研究了草酸钴沉淀前驱体的洗涤干燥行为，发现乙醇洗涤对于长柱状簇球团聚无明显改善，而外加超声力场进行洗涤将可适当提高草酸钴的分散性并降低粉末粒度。

（4）分别对草酸钴在惰性气氛和氧化性气氛中热分解行为进行热力学分析，在氩气等惰性气氛中，草酸钴的分解产物为金属钴；而在空气等氧化性气氛中，草酸钴在温度低于700℃时的分解产物为Co_3O_4。DSC-TGA实验分析证明，草酸钴在氩气气氛下的热分解产物为金属钴，分解温度为350~420℃；在空气气氛下，草酸钴在290~320℃分解生成Co_3O_4，之后在890~920℃ Co_3O_4分解形成CoO。

（5）分别对草酸钴在惰性气氛和氧化性气氛中热分解行为进行动力学研究，推断出草酸钴在惰性气氛中和氧化性气氛中的热分解机理函数$F(\alpha)$都为$[-\ln(1-\alpha)]^{1/3}$，服从Avrami Erofeev成核和生长（$n=3$）法则。用Ozawa法和Kissinger法推算出草酸钴在惰性气氛中的热分解反应表观活化能非常相近，分别为129.82kJ/mol和125.37kJ/mol；用Ozawa法和Kissinger法推算出草酸钴在空气气氛中生成Co_3O_4的热分解反应表观活化能分别为70.5kJ/mol和64.11kJ/mol；用Ozawa法和Kissinger法推算出草酸钴在空气气氛中生成CoO的反应表观活化能分别为1232.14kJ/mol和1276.04kJ/mol。

（6）选用中性含磷萃取剂P350-磺化煤油作为配合萃取剂，可有效分离沉钴母液中的盐酸和草酸。采用红外光谱法分析P350萃取草酸的作用机制为氢键缔合；采用斜率法计算得到P350萃取草酸的萃合比为$n_{P350}:n_{H_2C_2O_4}=2:1$；通过理论计算，建立了P350萃取草酸的配合萃取模型为：

$$D=\frac{\exp\left(-\frac{\Delta H}{RT}+C\right)c_{\overline{P350},0}^{n}+m}{(1+10^{pH-pK_1}+10^{2pH-pK_2})}$$

（7）通过单级萃取实验研究表明，萃取优化条件为：有机相中P350所占体积分数为50%，H^+浓度为1.7mol/L，草酸浓度为0.2~0.4mol/L，P350萃取草酸达到平衡所需要的时间为5min。采用“pH值摆动效应”，结合pH值对分层效果和乳化效果的影响，选择纯水作为再生反萃剂。

（8）设计了多级逆流萃取和反萃工艺来分离母液中的盐酸和草酸。在逆流萃取研究中，采用平衡等温线法和串级模拟实验法确定萃取相比$O/A=2.0$，级数为6级，可使萃余液中草酸含量低于0.0040mol/L；采用反萃平衡等温线法确定反萃相比$O/A=1.0$，反萃级数为10级，草酸的反萃率可达到95%以上。分离出的盐酸可返回含钴原料浸出工序，草酸可返回沉淀工序，反萃后再生的有机相可再次用于萃取工序，因而实现了整个工艺流程的闭路循环，工艺环境友好。

6.2 展望

尽管本书研究工作取得了一定成绩，得出了一些有价值的结论，为无氨草酸沉淀工业化技术开发应用提供了指导作用，但是由于时间和实验、检测设备的限制，还有很多工作有待进一步深入和完善。主要有如下几方面工作：

（1）进行无氨草酸沉淀—热分解制备氧化钴的工业化实验，开发工业化反应装置并进行工业化工艺条件探索研究。

（2）对无氨草酸钴晶核形成及生长过程进行理论研究。本书虽然从实验及后期表征中考察了各工艺条件对草酸钴微观形貌的影响，但如能从晶体生长机理角度进行理论分析与验证，将更具说服力。

（3）进行实际溶液连续逆流萃取草酸实验。由于实验设备和原料供应限制，在有关 P350 逆流萃取草酸的研究过程中，只进行了实验室的间歇性研究用以模拟连续实验。虽然通过各种手段论述了萃取和反萃的最佳相比和级数，但是如果能进行连续性的中试实验，将为工业化生产提供更多可靠的依据。

参考文献

[1] 王永利，徐国栋．钴资源的开发和利用[J]．河北北方学院学报（自然科学版），2005，21(3)：18～21.

[2] 乐颂光．钴冶金[M]．北京：冶金工业出版社，1987：7～35.

[3] 唐娜娜．钴矿资源及其选矿研究进展[J]．有色矿冶，2006，22(S1)：5～7.

[4] 文德荣．草酸钴和氧化钴[J]．江西冶金，1997，17(5)：54～56.

[5] 陈松．湿法制备单分散 Co_3O_4 粉末的形貌和粒度控制研究[D]．长沙：中南大学，2003.

[6] 何焕华，蔡乔方．中国镍钴冶金[M]．北京：冶金工业出版社，2000：541～557.

[7] 税用红．钴与社会生活[J]．成都纺织高等专科学校学报，2000，17(4)：61～62.

[8] 曹异生．世界钴工业现状及前景展望[J]．中国金属通报，2007(42)：34～36.

[9] 王文祥．单分散超细钴氧化物的制备[D]．长沙：中南大学，2001.

[10] 赖雪飞．低氯碳酸钴的制备工艺研究[D]．成都：四川大学，2006.

[11] Kameswari S. Preparation and characterization of fine cobalt metal and oxide Powders[J]. PMAI News Leters，1978，4(4)：16～21.

[12] Liu Chuehyang，Chen Chiafu，Leu Jihperng. Fabrication of mesostructured cobalt oxide sensor and its application for CO detector[J]. Electrochemical and Solid-State Letters，2009，12(4)：40～43.

[13] Kandalkar S G，Gunjakar J L，Lokhande C D. Preparation of cobalt oxide thin films and its use in supercapacitor application[J]. Applied Surface Science，2008，254(17)：5540～5544.

[14] Srivastava D N，Perkas N，Seisenbaeva G A，et al. Preparation of porous cobalt and nickel oxides from corresponding alkoxides using a sonochemical technique and its application as a catalyst in the oxidation of hydrocarbons[J]. Ultrasonics Sonochemistry，2003，10(1)：1～9.

[15] Rusovich-Yugai N S. Effect of dextrin on properties of glazes and ceramic paints and on the reduction of cobalt oxide[J]. Glass and Ceramics，2006，63(3～4)：89～91.

[16] Oyman Z O，Ming W，Van Der Linde R. Oxidation of drying oils containing non-conjugated and conjugated double bonds catalyzed by a cobalt catalyst[J]. Progress in Organic Coatings，2005，54(3)：198～204.

[17] Tronel F，Guerlou-Demourgues L，Ménétrier M. New spinel cobalt oxides，potential conductive additives for the positive electrode of Ni-MH batteries[J]. Chemistry of Materials，2006，18(25)：5840～5851.

[18] Smith C G. Always the bridesmaid，never the bride：Cobalt geology and resources[J]. Source：Transactions of the Institutions of Mining and Metallurgy，Section B：Applied Earth Science，2001，110(5～8)：75～80.

[19] 丰成友，张德全．中国钴资源及其开发利用概况[J]．矿床地质，2004，23(1)：93～98.

[20] 潘彤．我国钴矿矿产资源及其成矿作用[J]．矿产与地质，2003，17(4)：516～518.

[21] 于晨，杨晓菲．强中国钴的国际话语权[J]．中国金属通报，2008(28)：34～36.

[22] Yubko V M，Goleva R V，Mel'nikov M E，et al. Cobalt minerals in the ocean ferromanganese crusts and nodules[J]. Doklady Akademii Nauk，2002，384(6)：802～806.

[23] Scheidweiler P. Cobalt Resources: Reserves And Availability[J]. Source: Benelux Metall, 1981, 1: 11 ~ 16.

[24] 任觉世. 工业矿产资源开发利用手册[M]. 武汉: 武汉工业大学出版社, 1993: 304 ~ 317.

[25] 孙晓刚. 世界钴资源的分布和应用[J]. 有色金属, 2000(1):38 ~ 41.

[26] 中国地质矿产信息研究院. 中国矿产[M]. 北京: 中国建材出版社, 1993: 352 ~ 359.

[27] 刘月有. 中国镍钴矿山现代化开采技术[M]. 北京: 冶金工业出版社, 1995: 236 ~ 243.

[28] 张莓, 茹湘兰. 我国钴资源特点及开发利用中存在的问题和对策[J]. 矿产保护与利用, 1993(3):17 ~ 21.

[29] Dunmead S. Cobalt Production Statistics[R]. Cobalt News. UK: The Cobalt Development Institute. 2008: 3 ~ 4.

[30] Kapusta Joel P T. Cobalt production and markets: A brief overview[J]. JOM, 2006, 58(10): 33 ~ 36.

[31] 崔乃梁. 我国钴生产概述[J]. 有色冶炼, 1996, 25(6):6 ~ 10.

[32] 曾刚. 世界钴市场分析[J]. 有色冶炼, 1995, 24(5):1 ~ 6.

[33] Zhang Hui, Wu Jianbo, Zhai Chuanxin. From cobalt nitrate carbonate hydroxide hydrate nanowires to porous Co_3O_4 nanorods for high performance lithium-ion battery electrodes[J]. Nanotechnology, 2008, 19(3):035711.

[34] Ardizzone S, Spinolo G, Trasatti S. Point of zero charge of Co_3O_4 prepared by thermal decomposition of basic cobalt carbonate[J]. Electrochimica Acta, 1995, 40(16):2683 ~ 2686.

[35] Guan Hongyu, Shao Changlu, Wen Shangbin. A novel method for preparing Co_3O_4 nanofibers by using electrospun PVA/cobalt acetate composite fibers as precursor[J]. Materials Chemistry and Physics, 2003, 82(3):1002 ~ 1006.

[36] Nethravathi C, Sen Sonia, Ravishankar N, et al. Ferrimagnetic nanogranular Co_3O_4 through solvothermal decomposition of colloidally dispersed monolayers of α-cobalt hydroxide[J]. Journal of Physical Chemistry B, 2005, 109(23):11468 ~ 11472.

[37] 胡雷, 刘志宏. 四氧化三钴粉末的制备与应用现状[J]. 粉末冶金材料科学与工程, 2008, 13(4):195 ~ 200.

[38] 徐志军, 初瑞清, 李国荣, 等. 喷雾热分解合成技术及其在材料研究中的应用[J]. 无机材料学报, 2004, 19(6):1240 ~ 1248.

[39] Ni Yonghong, Ge Xuewu, Zhang Zhicheng, et al. A simple resuction-oxidation route to prepare Co_3O_4 nanocrystals[J]. Materials Research Bulletin, 2006, 36: 2383 ~ 2387.

[40] 王海北, 王玉芳, 蒋开喜, 等. 研究加压湿法直接合成四氧化三钴[J]. 科学技术与工程, 2005, 5(16):1184 ~ 1186.

[41] Zeng H C, Ling Y Y. Synthesis of Co_3O_4 spinel at ambient conditions[J]. J. Mater. Res., 2000, 15(6):1250 ~ 1253.

[42] Gialiana F, Leonardo F. Precipitation of spherical Co_3O_4 particles[J]. J of Colloid and Interface Sci. 1995, 170: 169 ~ 175.

[43] 张国福. 纳米粒子的化学制备方法及应用[J]. 甘肃高师学报, 2003, 2: 39 ~ 41.

[44] Drasovean R, Monteiro R, Fortunato E, et al. Optical properties of cobalt oxide films by a dipping sol-gel process[J]. Journal of Non-Crystalline Solids, 2006, 352(9~20):1479~1485.

[45] Baydi M EI, Poillerat G, Rehspringer J L, et al. A sol-gel route for the preparation of Co_3O_4 catalyst for oxygen electrocatalysis in alkaline medium[J]. Journal of Solid State Chemistry, 1994, 109: 281~288.

[46] Thota S, Kumar A, Kumar J. Optical, electrical and magnetic properties of Co_3O_4 nanocrystallites obtained by thermal decomposition of sol-gel derived oxalates[J]. Materials Science and Engineering B: Solid-State Materials for Advanced Technology, 2009, 164(1):30~37.

[47] 韩立安，常琳，牟国栋，等. Co_3O_4 纳米颗粒的溶胶凝胶法制备及磁性[J]. 西安科技大学学报，2008，28(3):602~604.

[48] 王小慧，王子忱，李熙，等. 超微粒 Co_3O_4 的合成与表征[J]. 高等学校化学学报，1991，12(11):1421~1424.

[49] 马剑华. 纳米材料的制备方法[J]. 温州大学学报，2002，2：79~82.

[50] Sapieszko R, Matijevic E. Preparation of well defined colloidal particles by thermal decomposition of metal chelates Ⅱ cobalt and nickel[J]. Corrosion-Nace, 1980, 36(10):522~530.

[51] 杨幼平，黄可龙，刘人生，等. 水热-热分解法制备棒状和多面体状四氧化三钴[J]. 中南大学学报（自然科学版），2006，37(6):1103~1106.

[52] 张卫民，宋新宇，李大枝，等. 水热条件对立方状 Co_3O_4 形貌的影响[J]. 高等学校化学学报，2004，25(5):797~801.

[53] 张卫民，孙思修，俞海云，等. 水热—固相热解法制备不同形貌的四氧化三钴纳米微粉[J]. 高等学校化学学报，2003，24(12):2151~2154.

[54] Basavalingu B, Tareen J A K, Bhanadage G T. Thermo dynamic properties of $Co(OH)_2$ from hydrothermal equilibrium in cobalt oxide system[J]. Journal of Materials Science Letters, 1986 (5):1227~1229.

[55] Sugimoto T, Matijevic E. Colloidal cobalt hydrous oxides preparation and properties of monodispersed Co_3O_4[J]. J. Inorg. Nucl. Chem., 1979, 41: 165~172.

[56] Tripathy S K, Christy M, Park N H. Hydrothermal synthesis of single-crystalline nanocubes of Co_3O_4[J]. Materials Letters, 2008, 62(6~7):1006~1009.

[57] 胡国荣，刘智敏，方正升，等. 喷雾热分解技术制备功能材料的研究进展[J]. 功能材料，2005，36(3):335~339.

[58] Kim D Y, Ju S H, Koo H Y. Synthesis of nanosized Co_3O_4 particles by spray pyrolysis[J]. Journal of Alloys and Compounds, 2006, 417(1~2):254~258.

[59] 郭学益，冯庆明，郭秋松. 工艺条件对溶液雾化氧化法制备四氧化三钴粉末的影响[J]. 粉末冶金材料科学与工程，2009，14(5):320~325.

[60] 郭学益，田庆华，冯庆明，郭秋松. 一种溶液雾化氧化的专用装置：中国，200910042853.0[P]. 2009-03-06.

[61] 郭学益，田庆华，冯庆明，郭秋松. 溶液雾化氧化制备单一或复合金属氧化物的方法及专用装置：中国，200920063526.9[P]. 2009-03-12.

[62] Shinde V R, Mahadik S B, Gujar T P. Supercapacitive cobalt oxide (Co_3O_4) thin films by

spray pyrolysis[J]. Applied Surface Science, 2006, 252(20):7487 ~ 7492.

[63] 卿波. 尿素均匀沉淀法制备单分散四氧化三钴粉末[D]. 长沙：中南大学，2007.

[64] 段炼. 碳铵化学沉淀法制备高品质氧化钴粉末[D]. 长沙：中南大学，2008.

[65] Jeevanandam P, Koltypin Yu, Gedanken A, et al. Synthesis of α-cobalt (Ⅱ) hydroxide using ultrasound radiation[J]. Materials Chemistry, 2000, 10: 511 ~ 514.

[66] Ishikawa T, Matijevic E. Formation of uniform particles of cobalt compounds and cobalt[J]. Colloid Polym. Sci., 1991, 269: 179 ~ 186.

[67] 李亚栋，贺蕴普，李龙泉，等. 液相控制沉淀法制备纳米级 Co_3O_4 微粒[J]. 高等学校化学学报，1999，20(4):519 ~ 522.

[68] 郭学益，田庆华，易宁，李治海. 臭氧弥散氧化沉淀-热分解制备钴氧化物粉末的方法：中国，200910042533.5[P]. 2009-01-19.

[69] 郭学益，田庆华，易宇，李治海. 臭氧超声弥散氧化装置：中国，200920062971.3[P]. 2009-01-19.

[70] 田庆华，郭学益，易宇，李治海. 臭氧弥散氧化处理低浓度含钴废水的方法：中国，200910042532.0[P]. 2009-01-19.

[71] Ke Xingfei, Cao Jieming, Zheng Mingbo, et al. Molten salt synthesis of single-crystal Co3O4 nanorods[J]. Materials Letters, 2007, 61(18):3901 ~ 3903.

[72] Zhao Z W, Guo Z P, Liu H K. Non-aqueous synthesis of crystalline Co_3O_4 powders using alcohol and cobalt chloride as a versatile reaction system for controllable morphology[J]. Journal of Power Sources, 2005, 147(1 ~ 2):264 ~ 268.

[73] 国家有色金属工业局. YS/T 256—2000. 氧化钴[S]. 2001.

[74] 王开毅，成本诚，舒万银. 溶剂萃取化学[M]. 长沙：中南工业大学出版社，1991：75 ~ 76.

[75] Meites L. An introduction to chemical equilibrium and kinetics[M]. Pergamon Press, 1981: 31 ~ 33.

[76] 周炳珍. 用 P204 和 P507 脱出含钴废料中的杂质生产高纯度氯化钴[J]. 有色金属（冶炼部分），2002，6：16 ~ 17.

[77] 张波. 用 P204 在氯化物体系萃取净化工艺的研究[J]. 有色冶炼（重金属），2001，4(2):16 ~ 19.

[78] 吴声，廖春生，贾江涛，等. P507 体系反萃取条件对平衡负载稀土量的研究[J]. 中国稀土学报，2006，24(2):134 ~ 138.

[79] 王保贞. 水污染控制工程[M]. 北京：高等教育出版社，1996：76 ~ 80.

[80] Hanaki K, Hong Z, Matsuo. Production of nitrous oxide gas during de nitrification of waste water[J]. Water Science and Technology, 1992, 26: 1027.

[81] 刘旭娃，邱显扬，危青，等. 从 V_2O_5 生产废水中脱除氨氮的研究[J]. 广东有色金属学报，2006，16(2):84 ~ 87.

[82] 孙锦宜. 含氮废水处理技术与应用[M]. 北京：化学工业出版社，2003：33 ~ 35.

[83] 刘文龙，钱仁渊，包宗宏. 吹脱法处理高浓度氨氮废水[J]. 南京工业大学学报，2008，30(4):56 ~ 59.

[84] 陈莉荣，戴宝成，武文斐，等．吹脱法处理稀土氯铵废水试验研究[J]．金属矿山，2007(9):101~102.

[85] 国家环境保护局．GB 8978—1996　污水综合排放标准[S]. 1998.

[86] 何岩，赵由才，周恭明．高浓度氨氮废水脱氮技术研究进展[J]．工业水处理，2008，28(1):1~4.

[87] 张显贵．合成氨厂氨氮排放水处理技术探讨[J]．中国清洁生产，1998，1(12):17~18.

[88] 李健昌，封丹，罗仙平，等．氨氮工业废水处理技术现状和展望[J]．四川有色金属，2008(3):14，24，34，44，53.

[89] 胡继峰，刘怀．含氨废水处理技术及工艺设计方案[J]．水处理技术，2003，29(4):244~246.

[90] 毛悌和．化工废水处理技术[M]．北京：化学工业出版社，2001：102~139.

[91] Leavic S. Nitrogen removal from fertilizer wastewater by ion exchange[J]. Journal Environmental Research，2000，34(1):185~190.

[92] 仝武刚，王继徽．高浓度氨氮废水治理技术[J]．污染防治技术，2002，15(2):24~27.

[93] Soare L C，Lemaȋtre J，Bowen P. A thermodynamic model for the precipitation of nanostructured copper oxalates[J]. Journal of Crystal Growth，2006，289(1):278~285.

[94] Yang H J，Yum S S. Effects of prescribed initial cloud droplet spectra on convective cloud and precipitation developments under different thermodynamic conditions：A modeling and observational study[J]. Atmospheric Research，2007，86(3~4):207~224.

[95] Ju Shao hua，Tang Mo tang，Yang Sheng hai. Thermodynamics and technology of extracting gold from low-grade gold ore in system of NH_4Cl-NH_3-H_2O[J]. Transactions of Nonferrous Metals Society of China（English Edition），2006，16(1):203~208.

[96] 周小兵，代建清，蔡进红．化学共沉淀法制备 NiCuZn 铁氧体前驱体的热力学分析[J]．硅酸盐学报，2009，37(1):23~28.

[97] Ju Shao hua，Tang Mo tang，Yang Sheng hai，et al. Thermodynamics of Cu（Ⅱ）-NH_3-NH_4Cl-H_2O system[J]. Transactions of Nonferrous Metals Society of China（English Edition），2005，15(6):1414~1419.

[98] 何显达，郭学益，李平，等．从人造金刚石触媒酸洗废液中回收镍、钴和锰[J]．湿法冶金，2005，24(3):150~154.

[99] Fan Youqi，Zhang Chuanfu，Zhan Jing，et al. Thermodynamic equilibrium calculation on preparation of copper oxalate precursor powder[J]. Transactions of Nonferrous Metals Society of China（English Edition），2008，18(2):454~458.

[100] Huang Kai，Guo Xueyi，Zhang Duomo. Study on the thermodynamic equilibrium of Ni（Ⅱ）-NH_3-$C_2O_4^{2-}$-H_2O system and its application to the precipitation of ultrafine nickel oxalate particles[C]//TMS Annual Meeting，2004，EPD Congress 2004-Proceedings of the Symposium Sponsored by the Extraction and Processing Division of the Minerals，Metals and Materials Society，TMS，2004：467~475.

[101] 彭忠东，杨建红，邹忠，等．共沉淀法制备掺杂氧化锌压敏陶瓷粉料热力学分析[J]．无机材料学报，1999，14(5):733~738.

[102] 张保平，张金龙，唐谟堂，等．共沉法制备锰锌软磁铁氧体前躯体的热力学分析[J]. 江西有色金属，2005，19(2)：35～37.

[103] 苏继桃，苏玉长，赖智广，等．共沉淀法制备镍、钴、锰复合碳酸盐的热力学分析[J]. 硅酸盐学报，2006，34(6)：695～698.

[104] Smith R M，Matell A E. Critical Stability Constants Inorganic Complexes[M]. New York：Plenum Press，1976：1132～1145.

[105] 姚允斌，解涛，高英敏．物理化学手册[M]．上海：上海科学技术出版社，1985：855～868.

[106] 迪安 J A. 兰氏化学手册[M]. 北京：科学出版社，2003：1587～1599.

[107] Wangman D D，Evans W H，Parker V B. NBS 化学热力学性质表[M]. 北京：中国标准出版社，1998：798～809.

[108] 钟竹前，梅光贵．化学位图在湿法冶金和废水净化中的应用[M]. 长沙：中南工业大学出版社，1986：393～398.

[109] 黄凯．可控缓释沉淀-热分解法制备超细氧化镍粉末的粒度和形貌控制研究[D]. 长沙：中南大学，2003.

[110] 田庆华，黄凯，郭学益．纳米铁酸锌的制备研究[J]. 矿冶工程，2005，25(2)：46～48.

[111] 奚梅成．数值分析方法[M]. 合肥：中国科学技术大学出版社，1996：214～240.

[112] Luo Zhenlin，Lu Menglin，Bao Jun. Co-precipitation synthesis of gadolinium gallium garnet powders using ammonium hydrogen carbonate as the precipitant[J]. Materials Letters，2005，59(10)：1188～1191.

[113] Li Jiguang，Ikegami Takayasu，Lee Jong-Heun. Reactive yttrium aluminate garnet powder via coprecipitation using ammonium hydrogen carbonate as the precipitant[J]. Journal of Materials Research，2000，15(9)：1864～1867.

[114] Nielsen A H，Thorkild H J，Vollertsen J. Effects of pH and iron concentrations on sulfide precipitation in wastewater collection systems[J]. Water Environment Research，2008，80(4)：380～384.

[115] Lewis Alison，Swartbooi Ashton. Factors affecting metal removal in mixed sulfide precipitation [J]. Chemical Engineering and Technology，2006，29(2)：277～280.

[116] 黄明雯，宋鹂，张金朝．液相沉淀法制备草酸钴粉体的研究[J]. 无机盐工业，2008，40(4)：31～34.

[117] Zhou Bozhu，Zhou Guohong，An Liqiong. Morphology-controlled synthesis of yttrium hafnate by oxalate co-precipitation method and the growth mechanism[J]. Journal of Alloys and Compounds，2009，481(1～2)：434～437.

[118] Xiu，Zhimeng，Li Jiguang，Li Xiaodong. Nanocrystalline scandia powders via oxalate precipitation：The effects of solvent and solution pH[J]. Journal of the American Ceramic Society，2008，91(2)：603～606.

[119] 侯铁翠，李智慧，卢红．改进草酸盐共沉淀法制备钛酸钡超细粉体的研究[J]. 航空材料学报，2008，28(1)：49～52.

[120] 翟秀静，肖碧君，李乃军．还原与沉淀[M]. 北京：冶金工业出版社，2008：408～

409.

[121] 马荣骏．湿法冶金原理[M]．北京：冶金工业出版社，2007：670～671.

[122] 代云，徐远志，刁微之．氧化钴生产过程的非草酸盐沉钴工艺研究之一碳铵（反加）法自氯化钴溶液中沉钴[J]．云南冶金，2007，36(3)：32～36.

[123] Haq I, Akhtar K. Preparation and characterization of uniformly coated particles by homogeneous precipitation (cobalt compounds on nickel compounds)[J]. Advanced Powder Technology, 2000, 11(2):175～186.

[124] 朱学文，廖列文，崔英德．均匀沉淀法制备纳米四氧化三钴微粉[J]．无机盐工业，2002，34(1)：3～4.

[125] 王胜，吉鸿安．电池级氧化钴制备新工艺[J]．有色金属，2008，60(2)：29～32.

[126] 柳松，古国榜．微细氧化钴粉的研制[J]．矿冶工程，2007，27(3)：69～71.

[127] 黄明雯，宋鹂，张金朝．草酸钴对钴蓝颜料性能的影响[J]．华东理工大学学报（自然科学版），2008，34(4)：533～536.

[128] 高晋，王洪军．前驱物颗粒的形貌对钴粉形貌的影响[J]．稀有金属与硬质合金，2002，30(2)：15～18.

[129] 李志尊，雷永泉．粉末粒度对储氢电极电化学性能的影响[J]．军械工程学院学报，1999，11(3)：53～57.

[130] 陈立新，徐建红．粉末粒度对贮氢合金 $Mm(NiCoMnTi)_5$ 电化学性能的影响[J]．稀有金属材料与工程，1998，27(6)：376～378.

[131] 曾艳，谢光远，王齐军．洗涤介质对共沉淀 Mg-PSZ 粉体性能的影响[J]．武汉科技大学学报，2008，31(4)：414～417.

[132] Gong Hua, Tang Ding yuan, Huang Hui, et al. Agglomeration control of Nd: YAG nanoparticles via freeze drying for transparent Nd: YAG ceramics[J]. Journal of the American Ceramic Society, 2009, 92(4):812～817.

[133] Wang Baohe, Zhang Wenbo, Zhang Wei, et al. Influence of drying processes on agglomeration and grain diameters of magnesium oxide nanoparticles[J]. Drying Technology, 2007, 25(4):715～721.

[134] 黄艳华，谢志刚，贺跃辉，等．草酸盐共沉淀前驱体的热分解过程[J]．粉末冶金材料科学与工程，2007，12(1)：35～38.

[135] Majumdar S, Sharma I G, Bidaye A. C, et al. A study on isothermal kinetics of thermal decomposition of cobalt oxalate to cobalt[J]. Thermochimica Acta, 2008, 473(1～2):45～49.

[136] Salavati-Niasari M, Mir N, Davar F. Synthesis and characterization of Co_3O_4 nanorods by thermal decomposition of cobalt oxalate[J]. Journal of Physics and Chemistry of Solids, 2009, 70(5):847～852.

[137] Maecka B, Drozdz-Ciesla E, Maecki A. Non-isothermal studies on mechanism and kinetics of thermal decomposition of cobalt(II) oxalate dihydrate[J]. Journal of Thermal Analysis and Calorimetry, 2002, 68(3):819～831.

[138] 黄利伟．草酸钴分解机理的研究[J]．有色金属（冶炼部分），2005(3)：31～33.

[139] 黄利伟，周传让．草酸钴的氧化条件对氧化钴及还原钴粉性能的影响[J]．有色金属

（冶炼部分），2005(2):40～43.

[140] 黄利伟，尹春雷．温度对草酸钴分解过程的影响[J]．有色金属（冶炼部分），2006(5):48～52.

[141] 黄利伟．影响草酸钴分解速度及钴粉粒度的因素[J]．有色金属（冶炼部分），2007(1):41～45.

[142] 傅小明，戴起勋，吴晓东．草酸钴还原过程的相变研究[J]．硬质合金，2004，21(1):10～13.

[143] 杨幼平，黄可龙，刘人生，等．水热—热分解法制备棒状和多面体状四氧化三钴[J]．中南大学学报（自然科学版），2006，37(6):1103～1106.

[144] 廖春发，梁勇，陈辉煌．由草酸钴热分解制备 Co_3O_4 及其物性表征[J]．中国有色金属学报，2004，14(12):2131～2136.

[145] Luop，Niehto，Schwartzaj，et al. Surface characteriszationg of nanostructured metal and ceramic particles[J]. Materials Science and Engineering，1995(A204):59.

[146] Pampachr，Haberkck. Ceramic Powders[M]. Amsterdam：Elsevier Sientific Pub. Company，1983：623～650.

[147] 冯拉俊，刘毅辉，雷阿利．纳米颗粒团聚的控制[J]．微纳电子技术，2003(7/8):536～542.

[148] 罗电宏，马荣骏．对超细粉末团聚问题的探讨[J]．湿法冶金，2002，21(2):57～61.

[149] 刘志强，李小斌，彭志宏．湿化学法制备超细粉末过程中的团聚机理及消除方法[J]．化学通报，1999(7):54～57.

[150] 汪信，忻新泉，戴安邦，等．一些草酸铁盐的电子结构与热稳定性的关系[J]．分子科学与化学研究，1982(6):15～22.

[151] Dollimore D，Griffiths D L，Nicholson D. The thermal decomposition of oxalates. Part Ⅱ. Thermogravimetic analysis of various oxalates in air and in nitrogen[J]. Thermochimica Acta，1991，177：59～75.

[152] 田庆华，李钧，郭学益．草酸钴热分解行为及其热力学分析[J]．矿冶工程，2009，29(4):67～69，73.

[153] 梁英教，车荫昌．无机物热力学计算数据手册[M]．沈阳：东北大学出版社，1993：88，113～115，281.

[154] 胡荣祖，高胜利，赵凤起，等．热分析动力学[M].2版．北京：科学出版社，2008：1～18.

[155] Celis K，Van Driessche I，Mouton R，et al. Kinetics of consecutive reactions in the solid state：Thermal decomposition of oxalates[J]. Key Engineering Materials，2001，206～213(1):807～810.

[156] Ninan K N. Kinetics of solid state thermal decomposition reactions[J]. Journal of thermal analysis，1997，35(4):1267～1278.

[157] 潘云祥，管翔颖，冯增媛．用双外推法讨论固态草酸钴二水合物脱水过程的动力学机理[J]．高等学校化学学报，1999，20(7):1091～1096.

[158] Zhang Jianjun，Ren Ning，Bai Jihai. Non-isothermal kinetics of the first-stage decomposition

reaction of cobalt oxalate dihydrate[J]. Chemical Research in Chinese Universities, 2005, 21(4):501~504.

[159] Koga N, Malek J, Sestak J, et al. Data treatment in non-isothermal kinetics and diagnostie limits of phenomenological models[J]. Netsu Sokutei, 1993, 20(4):210~223.

[160] Torre E D, Bennett L H, Fry R A, et al. Preisach-Arrhenius model for thermal after effect[J]. IEEE Transactions on Magnetics, 2002, 38(5II):3409~3416.

[161] Sahin O, Ozdemir M, Aslanoglu M, et al. Calcination kinetics of ammonium pentaborate using the Coats-Redfern and genetic algorithm method by thermal analysis[J]. Industrial and Engineering Chemistry Research, 2001, 40(6):1465~1470.

[162] Balek V, Murat M. The emanation thermal analysis of kaolinite clay minerals[J]. Thermochimica Acta, 1996, 282(2):385.

[163] Budrugeac P, Segal E. Applicability of the Kissinger equation in thermal analysis[J]. Journal of Thermal Analysis and Calorimetry, 2007, 88(3):703~707.

[164] 田庆华，李治海，郭学益．P350选择萃取草酸钴沉淀母液中的草酸[J]．中南大学学报(自然科学版)，2009，27(4):884~890.

[165] 田庆华，郭学益，李治海，等．从草酸废水中综合回收酸及有价金属的方法：中国，200910042961.8[P].2009-03-25.

[166] Andreozzi R, Isola A, Capro V, Marotta R, Tufano V. The use of manganese dioxide as a heterogeneous catalyst for oxalic acid ozonation in aqueous solution[J]. Applied Catalysis A: General, 1996, 138: 75~81.

[167] 竹湘峰，许新华，王天聪．Fe(Ⅲ)/O_3体系对草酸的催化氧化[J]．浙江大学学报（理学版），2004，31(3):322~325.

[168] 赵雷，孙志忠，马军．蜂窝陶瓷催化臭氧化降解水中草酸的研究[J]．环境科学，2007，28(11):2533~2538.

[169] Faria P C C, Órfão J J M, Pereira M F R. Activated carbon catalytic ozonation of oxamic and oxalic acids[J]. Applied Catalysis B: Environmental, 2008, 79(3):237~243.

[170] 刘正乾，马军，赵雷．载Pt石墨催化臭氧化降解水中草酸的研究[J]．环境科学，2007，28(6):1258~1263.

[171] 赵怡，朱仲良，王韬，等．高锰酸钾氧化反应中若干基本问题的探讨[J]．实验室研究与探索，2003，22(4):52~54.

[172] 王树民，杨更亮，刘海燕．硫酸铅法回收土霉素发酵废液中的草酸[J]．河北大学学报(自然科学版)，2003，23(1):45~47.

[173] 王树民．天然防暴剂与土霉素废液中回收草酸的研究[D]．石家庄：河北大学，2003.

[174] 杨久义，赵风青，张士莹．从制药厂废水中提取草酸的工艺研究[J]．现代化工，2000，20(7):40~42.

[175] Haselhuhn F, Kind M. Pseudo-polymorphic behavior of precipitated calcium oxalate[J]. Chemical Engineering and Technology, 2003, 26(3):347~353.

[176] 彭存尧，李平安，党捧仙．从土霉素废母液中回收草酸[J]．河南化工，2001(5):31~32.

[177] Benitez I O, Talham D R. Calcium oxalate monohydrate precipitation at membrane lipid rafts [J]. Journal of the American Chemical Society, 2005, 127(9):2814 ~ 2815.

[178] 戴猷元，张瑾．有机废水萃取处理技术[M]．北京：化学工业出版社，2006：26 ~ 30.

[179] Tang Hong ping, Yang Ming de, He Pei jiong. Mechanism of extraction of oxalic acid by quaternary ammonium salt[J]. Chinese Journal of Process Engineering, 2002, 2(6):506 ~ 511.

[180] 秦炜，刘国俊，余立新，等．三辛胺萃取草酸的溶剂再生研究[J]．清华大学学报，2000，40(10):43 ~ 46.

[181] 秦炜，张英，罗学辉，等．草酸与乙醛酸的萃取分离[J]．化工学报，2001，52(2):135 ~ 139.

[182] 秦炜，曹雁青，戴猷元．络合萃取法从稀溶液中提取草酸[J]．高校化学工程学报，2001，15(3):282 ~ 285.

[183] 秦炜，曹雁青，罗学辉，等．三辛胺萃取草酸的机理[J]．化工学报，2001，52(5):414 ~ 419.

[184] 曹雁青，秦炜，戴猷元．三辛胺萃取草酸的第 3 相特性[J]．化工学报，2003，54(5):585 ~ 589.

[185] Wu Bin, Wang Kaiyi, Zhang Xianglin. Synergistic extraction of Zn (II) with 1-phenyl-3-methyl-4-benzoyl-pyrazol-5-one(PMBP) and di(1-methylheptyl) methyl phosphonate(P350)[J]. ACTA CHIMICA SINICA, 1986, 44(5):516 ~ 519.

[186] Junmei Zhao, Yan Bai, Deqian Li, Wei Li. Extraction of rare earths (III) from nitrate medium with Di- (2-ethylhexyl) 2-ethylhexyl phosphonate and synergistic extraction combined with 1-Phenyl-3-Methyl-4-Benzoy l-Pyrazolone-5 [J]. Separation Science and Technology, 2006, 41(13):3047 ~ 3063.

[187] 冯静．P350 萃取色谱分离无火焰原子吸收光谱法测定地球化学样品中的铟[J]．岩矿测试，2005，24(2):138 ~ 140.

[188] 贾琼，李德谦，牛春吉．1-苯基-3-甲基- 4-苯甲酰基-吡唑酮-5 与中性磷（膦）萃取剂协同萃取镧 B[J]．分析化学，2004，32(11):1421 ~ 1425.

[189] Zhao Junmei, Meng Shulan, Li Deqian. Synergistic extraction of rare earths (III) from chloride medium with mixtures of 1-phenyl-3-methyl-4-benzoyl -pyrazalone-5 and di- (2-ethylhexyl) - 2-ethylhexylphosphonate[J]. Journal of Chemical Technology & Biotechnology, 2006, 81(8):1384 ~ 1390.

[190] 范梅英．甲基膦酸二甲庚酯（P350）色层分离——α 谱测量 U234/U238 和 Th230/Th232 的活度比[J]．核化学与放射化学，1990，12(1):59 ~ 64.

[191] 江瑜，张忠信．甲基膦酸二甲庚酯萃取色谱法分离金、铂的研究[J]．分析化学，1994，22(8):794 ~ 797.

[192] 戴猷元，秦炜，张瑾，等．有机物络合萃取技术（修订版）[M]．北京：化学工业出版社，2008：33 ~ 40.

[193] Tamada J A, Kertes A S. King C J. Extraction of carboxylic acids with amine extractants. 1. Equilibria and law of mass action modeling[J]. Industrial and Engineering Chemistry Research. 1990, 29(7):1319 ~ 1326.

[194] 印永嘉．物理化学简明手册[M]．北京：高等教育出版社，1988：460 ~ 500.

[195] King C J. Separation process based on reversible chemical complexation[M]//Rousseau R W. Handbook of Separation Process Technology. New York：John Wiley & Sons Inc.，1987：760 ~ 774.

[196] 戴猷元，杨义燕，徐丽莲，等．基于可逆络合反应的萃取技术——极性有机物稀溶液的分离[J]．化工进展，1991，10(1)：30 ~ 34.

[197] 张瑾，戴猷元．络合萃取的"摆动效应"及应用[J]．现代化工，1999，19(3)：8 ~ 11.

[198] Tamada J A，King C J. Extraction of carboxylic acids with amine extractants. 3. Effect of temperature，water coextraction，and process considerations[J]. Industrial and Engineering Chemistry Research，1990，29(7)：1333 ~ 1338.

[199] 单欣昌，秦炜，戴猷元．萃取剂相对酸（碱）度对极性有机物络合萃取平衡的影响[J]．高校化学工程学报，2005，19(5)：593 ~ 597.